CULTURE, EXPLOITATION

ET

AMÉNAGEMENT

DU CHÊNE-LIÉGE

EN FRANCE ET EN ALGÉRIE,

SUIVIS

D'UN ÉTAT DÉTAILLÉ DES FORÊTS DE CHÊNES-LIÉGE DE L'ALGÉRIE,

PAR ANTONIN ROUSSET,
GARDE GÉNÉRAL DES FORÊTS.

PARIS,
IMPRIMERIE ET LIBRAIRIE D'AGRICULTURE ET D'HORTICULTURE
DE Mme Ve BOUCHARD-HUZARD,
5, rue de l'Éperon.

1859

TABLE DES MATIÈRES.

FIN DE LA TABLE.

CULTURE, EXPLOITATION ET AMÉNAGEMENT

DU

CHÊNE-LIÉGE EN FRANCE

ET EN ALGÉRIE.

En présence des nombreuses demandes de concession (1) de forêts de Chênes-liége en Algérie et de l'incertitude des principes qui doivent régler l'exploitation et l'aménagement (2) de cette essence, une notice, sur ce sujet, nous a paru devoir présenter un certain intérêt, au double point de vue du revenu et de la conservation de ces forêts.

Dans les départements de la France, et notamment celui du Var, où le Chêne-liége est exploité depuis longtemps, les forêts de l'État sont celles dont l'aménagement laisse le plus à désirer. Sous ce rapport, les bois particuliers sont mieux administrés, et leur exploitation se rapproche du mode que nous indiquerons dans cette étude.

Ainsi, d'une part, les différences qui existent, en France, entre les divers modes d'exploitation de ces

---

(1) Dix-sept demandes de concession, comprenant 67,883 hectares, ont été adressées au ministère de la guerre.

(2) Le Chêne-liége a été l'objet de deux articles de MM. Jaubert de Passa et Nicolas Eymard (voir *Annales forestières*, 1842 et 1844), relatifs à son exploitation seulement. La question de l'aménagement de cette essence n'a été étudiée que depuis la mise en exploitation des forêts concédées en Algérie.

forêts et la quantité de produits perdus ou négligés ; d'autre part, les difficultés qui surgissent, en Algérie, dans l'application des cahiers de charges et règlements d'exploitation des forêts déjà concédées ; enfin le désir de voir se régulariser et s'accroître la production de cette essence, nous ont porté à étudier spécialement cette question et à faire connaître le résultat de nos recherches.

Tels sont les motifs de cette publication : nous serons largement récompensé de nos efforts si elle peut être utile.

CHAPITRE PREMIER.

Culture.

I. — MONOGRAPHIE DU CHÊNE-LIÈGE.

De toutes les essences forestières, il en est, sans aucun doute, peu de plus intéressantes que le Chêne-liége : l'utilité de son écorce pour l'industrie, les qualités de son bois pour le chauffage, les masses de forêts de cette essence, la valeur des produits qu'on en retire, et enfin le mode spécial d'exploitation qu'il exige, doivent lui faire occuper une place exceptionnelle dans la silviculture.

Le Chêne-liége appartient à la région méditerranéenne. La Catalogne cultive cet arbre depuis longtemps et possède, presque encore aujourd'hui, le monopole de la production de son écorce. Il existe dans les départements limitrophes des Pyrénées et dans le Var quelques forêts importantes de cette essence ; mais, sous ce rapport, l'Algérie est, peut-être, l'un des pays les plus richement dotés. Cet arbre y vient spontanément, acquiert de belles proportions, et son écorce se développe rapidement sans perdre de sa qualité.

Le Chêne-liège (*Quercus suber*) porte différents noms : en Espagne, il s'appelle *Alcornoque*; en Italie, *Suvero*; en Provence, *Suvi*, et en Algérie, *Kerouge Fernem* ou seulement *Fernem*.

Variétés. — Il existe, d'après Duhamel, deux espèces de Chênes-liége, savoir (1) :

1° Le Chêne-liége à feuilles larges et toujours vert (*Quercus suber latifolium semper virens*) [*Quercus occidentalis*. Gay. Corsier (dans les landes) A. Mathieu] (2).

2° Le Chêne-liége à feuilles étroites et non dentelées (*Quercus suber angustifolium non serratum*). (*Quercus suber*. A. Mathieu).

Ce dernier, le plus répandu, conserve également ses feuilles.

Climat. Exposition. — Originaire des pays tempérés et chauds, cet arbre vient très-bien sur les bords de la mer. Il aime et préfère les expositions méridionales où son écorce

---

(1) Cet auteur (*Traité des arbres et arbustes qui se cultivent en France*), tome II, planche 80, page 294, représente l'espèce n° 1 comme ayant *les glands portés sur les rameaux défeuillés de l'année précédente par des pédoncules peu allongés et assez trapus*, tandis que l'espèce n° 2 est figurée, planche 81, page 294, avec *les glands axillaires sur les pousses feuillées de l'année*. Ce dernier est donc le *Quercus suber* d'après la *Flore forestière* de M. A. Mathieu, et le n° 1 est le *Quercus occidentalis*.

(2) Cet arbre ne nous étant pas connu, nous ne croyons pouvoir mieux faire que de citer à ce sujet l'ouvrage remarquable de M. A. Mathieu, professeur à l'école impériale forestière de Nancy :

« Le Chêne occidental, y est-il dit, jusqu'à présent confondu avec le « Chêne-liége, malgré les différences considérables que ces deux espèces « présentent, a été peu étudié sous le rapport forestier. Il se plaît dans les « sables des landes, sur le littoral de l'Océan ; il a le tempérament beau- « coup moins méridional que le liége, car la culture l'a propagé, avec « assez de succès, jusqu'à la hauteur de Belle-Isle-en-Mer, et il fleurit et « fructifie en pleine terre à Trianon (Versailles), où un pied âgé mesure « 11m,5 de hauteur sur 1m,45 de circonférence à la base.

« Cet arbre produit du liége comme le Chêne-liége véritable, et, à « quelques variations près, est soumis au même traitement. Son bois ne « nous est pas connu. » (Extrait de la *Flore forestière*. — *Description et histoire des végétaux ligneux qui croissent spontanément en France*.)

prend plus de finesse ; ailleurs, il acquiert quelquefois plus de développement, mais le liége devient poreux et gras.

La zone de cette essence s'arrête au 45e degré de latitude pour le *Quercus suber* ; celle du *Quercus occidentalis* s'élève jusqu'au 48e degré environ.

Situation. — Le Chêne-liége a besoin d'air et d'espace ; il réussit très-bien sur les coteaux et les montagnes, parce que les arbres y sont étagés. La limite supérieure de sa végétation est, en Algérie, à 1,000 mètres d'élévation, et, en France, à 800 mètres environ.

Terrains. — Les terrains primitifs et granitiques conviennent principalement au Chêne-liége : on le rencontre également dans les sables quartzeux, dans les grès et, en général, dans tous les terrains où dominent ces éléments. Il ne vient jamais dans les terrains complétement calcaires.

Cet arbre aime les sols divisés, un peu profonds et frais : on le trouve cependant en bon état de croissance dans les rochers et les endroits très-secs ; il redoute les terrains humides et principalement ceux qui sont marécageux.

Racines. — Les racines sont fortes et nombreuses ; elles se composent d'un pivot qui ne s'enfonce pas très-profondément dans le sol et de plusieurs branches latérales qui s'étalent avec une légère propension à pivoter.

Après une coupe, surtout si elle a lieu à la suite d'un incendie, les racines latérales produisent quelques drageons.

Feuilles et couvert. — Les feuilles du Chêne-liége persistent sur les rameaux pendant deux ou trois ans et ont beaucoup de ressemblance avec celles du Chêne vert. Elles sont petites, pétiolées, roides, onduleuses et piquantes ; vertes et luisantes en dessus, elles sont légèrement tomenteuses et blanchâtres en dessous (1).

Le feuillage de cet arbre est peu abondant et ne procure qu'un couvert incomplet, ce qui favorise la propagation des

(1) Voir, pour les caractères botaniques plus détaillés, la *Flore forestière* de M. A. Mathieu, page 233 et suiv.

broussailles et arbustes nuisibles, au détriment des jeunes sujets.

Floraison et fructification. — Le Chêne-liége fleurit aux mois d'avril et mai : les fleurs sont monoïques, les mâles réunies en chatons et les femelles axillaires et recouvertes d'une cupule formée de bractées très-petites et imbriquées. En France, les gelées printanières détruisent assez souvent les fleurs et rendent les glandées rares, ce qui n'a pas lieu en Algérie, où elles sont, au contraire, très-fréquentes.

Le gland est enfoncé dans sa cupule jusqu'à moitié de sa hauteur, et son enveloppe est assez dure; il mûrit et tombe aux mois d'octobre et de novembre de l'année de la floraison.

Cet arbre produit des fruits assez jeunes; mais ce n'est qu'à l'âge de trente ou quarante ans qu'il commence à donner de bonnes semences.

Croissance et durée. — La croissance du Chêne-liége est lente et uniforme; après être resté en buisson dans sa jeunesse, il s'élance et prend de l'accroissement jusqu'à l'âge de cent cinquante à deux cents ans. Cet arbre vit plus longtemps encore, mais après cette époque on remarque une diminution dans la production du liége; il peut atteindre de très-fortes dimensions, et il n'est pas rare d'en rencontrer en Algérie ayant 20 mètres de hauteur et de 3 à 5 mètres de circonférence.

Après un recepage, le Chêne-liége se reproduit très-bien de souche et donne de belles cépées.

II. — REPEUPLEMENTS ET SEMIS.

Préparation du terrain. — Le terrain n'a pas besoin d'être complétement cultivé pour un semis de Chêne-liége; un labour trop profond ou un défoncement complet à la pioche favoriseraient trop la propagation des arbustes nuisibles.

Le mode le plus avantageux consiste dans la préparation

du terrain par bandes de 1 mètre à 1m,50 de largeur ou par carrés, attendu que les broussailles maintiennent un peu d'humidité et protégent, contre les ardeurs du soleil, le jeune plant qui, bien que vigoureux dès sa jeunesse, ne redoute pas un léger abri pendant ses premières années seulement. Pour un semis complet, il serait avantageux de nettoyer le terrain en brûlant les broussailles sur place, parce que les cendres activent la germination des glands (1).

Graines. — On ne doit pas employer pour un semis les premiers glands qui tombent, parce qu'ils sont, en général, piqués par les vers.

Les semences récoltées se conservent par les procédés ordinaires, soit dans des fosses, soit dans un lieu aéré et bien sec, en évitant qu'elles ne s'échauffent et ne se moisissent.

Pour être de bonne qualité, les glands doivent être pleins, blancs, frais et sans mauvaise odeur.

Semis. — Les semis faits au printemps sont préférables à ceux faits en automne, parce que les semences mises en terre à cette dernière saison sont souvent, pendant l'hiver, dévorées par les animaux, et qu'en outre les jeunes plants peuvent être, en France, détruits par les gelées.

Le gland n'a pas besoin d'être profondément enterré : 0m,01 de terre ou de feuilles suffit; il lève même très-bien lorsqu'il est seulement à demi enfoncé dans la terre.

Semé au printemps, il lève, en Algérie, au bout de trois à cinq semaines.

Semé en automne, il lève au bout de trois à quatre mois.

En France, il met un peu plus longtemps à germer.

Nettoiement. — Le jeune plant de Chêne-liége s'étale et buissonne jusqu'à l'âge de quatre ou cinq ans, époque à laquelle il faudrait élaguer les branches basses, pour favoriser la formation d'un tronc régulier; les sections doivent

---

(1) On a remarqué, en France et en Algérie, qu'un incendie dans les forêts de Chênes-liége amenait la production de beaucoup de jeunes plants.

être bien nettes, afin qu'elles se cicatrisent complétement. On peut renouveler cette opération une ou deux fois.

A l'âge de dix ou douze ans, et avant le démasclage (1), on peut passer le *petit feu* (2) dans les jeunes cantons pour les nettoyer complétement.

Cette opération se pratique de la manière suivante : après avoir divisé un canton par de grandes tranchées, on débroussaille autour de chaque brin sur un rayon de 1m,50 à 2 mètres, suivant la hauteur des morts-bois et la distance entre les jeunes sujets; ensuite, par un temps calme, on allume les herbes et les broussailles, en dirigeant le feu contre la direction ordinaire du vent. Les tranchées permettent de surveiller cet incendie que l'on dirige et que l'on arrête à volonté.

On fait, généralement, ce nettoiement aux mois de février et de mars, ou après une petite pluie, et jamais pendant les grandes chaleurs, parce qu'on ne serait pas maître du feu.

La flamme, n'ayant pas beaucoup d'activité (car on est souvent obligé de suivre le feu pour l'activer), brûle et détruit lentement les broussailles, sans endommager les Chênes-liége que leur écorce préserve de la chaleur.

On doit avoir grand soin de faire ce nettoiement par canton, afin de pouvoir facilement éteindre le feu, si le vent s'élevait et menaçait de rendre cette opération dangereuse.

Après le démasclage on peut la recommencer, lorsque les arbres ont du liége de deux ans au moins; car, avant cette époque, l'action même très-légère du feu sur la nouvelle écorce pourrait leur être très-préjudiciable.

Ce sartage à feu courant arrête le développement des broussailles, nettoie la forêt et la met complétement à l'abri des incendies.

---

(1) Le *démasclage* est l'opération qui consiste dans l'enlèvement de la première écorce du Chêne-liége, pour permettre la production de nouvelles couches de liége de meilleure qualité.

(2) Le *petit feu* est un sartage à feu courant employé dans le département du Var pour nettoyer les forêts de Pins maritimes et de Chênes-liége.

III. — FORMATION ET EXPLOITATION DU LIÉGE.

Avant de faire connaître le mode d'exploitation du Chêne-liége, il est nécessaire d'entrer dans quelques détails sur la formation de son écorce.

Formation et nature du liége. — L'écorce du Chêne-liége se compose de deux parties bien distinctes : l'une comprend l'*épiderme*, la *couche subéreuse* et le *mésoderme*; l'autre, l'*enveloppe herbacée*, le *liber* et l'*endoderme*.

Voyons quel est le rôle de ces différentes couches dans la formation et la reproduction du liége (1).

Sur un rameau d'un an, l'épiderme est lisse et vert, ce qui prouve qu'il n'existe encore ni couche subéreuse ni mésoderme.

---

(1) Voici quelle est à ce sujet l'opinion des auteurs qui se sont occupés de la nature du liége : nous ferons observer toutefois qu'il n'est question, ici, que de la formation primitive et non du renouvellement de cette écorce après le démasclage.

M. Dutrochet (*Extrait des observations sur la nature et le développement du liége*; *Comptes rendus des séances de l'Académie des sciences*, 9 janvier 1837) attribue la formation du liége à un « développement centripète de la peau ou tégument cellulaire. Le parenchyme cortical est, « dit-il, tout à fait étranger à la formation de cette substance, si ce n'est « au point de vue des liquides nutritifs qu'il fournit pour ce développement énorme du tégument cellulaire. Ce dernier donne naissance, par « chacune de ses cellules composantes, à une série transversale et rectiligne de cellules; chacune de ces séries de cellules s'accroît en longueur « par la production de cellules nouvelles à son extrémité en contact avec « le parenchyme cortical. »

Cette opinion ne peut pas expliquer le renouvellement du liége, lorsque, par le démasclage, on a enlevé le tégument cellulaire et toute la partie subéreuse.

M. Mohl (*Recherches sur le développement du liége et du faux liége sur l'écorce des dicotylédones ligneuses*; *Annales des sciences naturelles*, mai 1838) reconnaît que le liége est produit par « une formation de « nouvelles cellules à sa face intérieure (de l'épiderme), limitée par l'enveloppe cellulaire.

« Cette production, dit-il, n'a pas lieu d'une manière égale, mais sous « forme de dépôt et sur la limite de deux couches, les cellules deviennent

Sur un rameau de deux ans, on voit entre l'épiderme et l'enveloppe herbacée quelques granulations blanches, répandues irrégulièrement et produites par des amas de substance molle jaunâtre, ayant la consistance de la cire : c'est le liége qui se forme.

A la troisième année, ces granulations se multiplient et s'accroissent ; en même temps la substance qu'elles renferferment devient sèche et élastique : le liége est formé.

Chaque année, il se produit une nouvelle couche de matière subéreuse qui s'ajoute à celle des années précédentes ; dès lors, l'épiderme, qui a pris une teinte blanche, n'étant

---

« plus courtes et, par conséquent, plus foncées, formant des cercles un « peu plus fermes, comme les couches annuelles dans le bois. » Plus loin, il ajoute : « L'enveloppe cellulaire ne prend aucune part à la formation du « liége. »

A la fin de ce mémoire, il se résume ainsi : « Il résulte, de ce que nous « avons dit ci-dessus, que la formation d'écailles sur l'écorce des dicoty- « lédones mentionnées *ne résulte pas d'une simple dessiccation des cou- « ches extérieures et de leur déchirement mécanique*, *mais d'un déve- « loppement postérieur de couches cellulaires particulières qui forment « seules ces écailles ou qui séparent de l'écorce même des fragments qui « s'isolent ensuite*.

« Cette formation postérieure de cellules présente deux modifications « principales : tantôt le nouveau tissu cellulaire se développe en dehors de « l'enveloppe herbacée, et il se forme du liége ; tantôt il se forme dans « l'intérieur de l'enveloppe herbacée et du liber, et il se forme du faux « liége.

« Chez les arbres où le premier cas se présente, les deux couches in- « térieures de l'écorce (l'enveloppe cellulaire et le liber) conservent leur « intégrité pendant toute la vie de la plante et s'accroissent toujours sans « participer à la formation des écailles. Dans ces végétaux, les écailles se « forment par de minces couches de cellules parenchymateuses, placées « dans les pousses d'une année entre l'épiderme et la couche cellulaire.

« Relativement à la formation subéreuse qui apparaît dans ces couches « cellulaires, on observe les modifications suivantes : (*a*) le liége est « presque entièrement formé de cellules polyédriques allongées dans le « sens des rayons de la tige et n'est partagé en couches par des plans de « cellules courtes que d'une manière incomplète (*Quercus suber*, *Acer « campestre*) (*b*), etc. »

L'auteur termine ensuite son rapport en donnant de la manière suivante la description de la couche subéreuse du liége : « elle est formée, dit-il,

pas élastique, commence à se fendiller, et le liége s'accroît rapidement.

Dans cette première période, le liége se forme par l'agglomération de la matière subéreuse entre l'épiderme et la couche herbacée. Cette formation, bien qu'ayant lieu sur toute la circonférence de l'arbre, se fait irrégulièrement et par agrégation, et non par couches régulières et uniformes.

Le liége de chaque année est séparé par une couche de cellules remplies de matière subéreuse d'une teinte plus foncée : c'est ce qui constitue le *mésoderme*.

De cette série de phénomènes on peut conclure

1° *Que la formation annuelle du liége a lieu entre le mésoderme et l'enveloppe herbacée, et à sa surface externe;*

2° *Que le mésoderme fait partie intégrante de la couche subéreuse et se forme avec elle.*

Nous venons de voir la formation primitive du liége, examinons maintenant comment se reproduit cette partie de l'écorce après le démasclage.

Lorsqu'on enlève toute la couche subéreuse, on met à nu l'enveloppe herbacée qui, d'abord d'une couleur rose, devient couleur brique foncée, se dessèche et prend l'apparence de l'écorce de Chêne ordinaire. D'après ce que nous avons dit plus haut, que le liége se forme à la surface externe de

---

« de cellules parenchymateuses, à parois minces et privées de grains (de « chlorophylle), placées en séries transversales, mais un peu allongées « du dedans au dehors, comme les cellules des rayons médullaires. »

M. Achille Richard (*Nouveaux éléments de botanique et de physiologie végétale*, 7e édition, page 109 et suivantes) partage l'opinion de M. Mohl en ce que le liége se forme entre l'épiderme et la couche herbacée sans la participation de l'enveloppe cellulaire ; toutefois il n'explique pas la fonction du *mésoderme* dans cette formation. — Cet auteur appelle *périderme externe* cette couche d'utricules à parois épaisses et plus foncées, qui sépare les formations annuelles de liége et que nous avons appelée *mésoderme*. Les phénomènes qui suivent le démasclage ne nous ont pas semblé justifier cette opinion ; car, si cette série d'utricules doit être appelée *périderme*, le mésoderme, dans le Chêne-liége, se confond avec la couche subéreuse et n'est pas distinct.

l'enveloppe herbacée, il devrait en résulter qu'il ne peut plus y avoir formation de couche subéreuse ; mais l'enveloppe herbacée, ayant la propriété de se réparer, se renouvelle sous la première écorce desséchée, et entre ces deux couches il apparaît bientôt une nouvelle formation de liége comme avant le démasclage.

Les nouvelles productions subéreuses font corps avec celles qui continuent à se former sur les parties non démasclées ; la seule différence qui existe entre elles, c'est que les couches qui se produisent après le démasclage sont plus élastiques et plus épaisses, parce qu'elles ne sont pas comprimées par l'épiderme ou par les couches antérieures.

D'après ce qui précède, on voit que l'*enveloppe herbacée concourt seule à la formation du liége*.

En résumé, la matière subéreuse, d'abord molle jaunâtre et ayant la consistance de la cire, ne devient souple et élastique qu'après sa dessiccation ; elle est le résultat d'une sécrétion extérieure de l'enveloppe herbacée, ayant lieu irrégulièrement sur toute la circonférence de l'arbre, et constitue un corps inerte dans les couches corticales (1).

Quant aux points noirs et aux cavités que l'on rencontre dans le liége, ils proviennent de cellules ou vésicules corres-

---

(1) Nous extrayons des *Annales forestières*, tome I, page 242, l'analyse du liége d'après M. Chevreul, relatée par M. F. Jaubert de Passa (*Notice sur le Chêne-liége*) :

« M. Chevreul a opéré sur une planche de liége déjà sèche ; mais, au « moment de l'analyser, il en a retiré encore par la dessiccation 4 centièmes d'eau (*a*).

« Sur 1,000 parties de substances qu'il a traitées successivement par « l'eau et par l'alcool, il a obtenu les résultats suivants : par l'eau, dans « le digesteur distillatoire :

« 1° Huile odorante et acide acétique.

« 2° Principe colorant jaune.

« 3° Principe astringent (tanin).

« 4° Matière azotée.

(*a*) *Annales de chimie*, tome XCVI, page 141.

pondantes aux rayons médullaires de la tige et remplies de tissus cellulaires desséchés.

Démasclage. — Dans une forêt de Chêne-liége, le démasclage est l'opération principale, puisque c'est d'elle que dépend son avenir. Nous allons, d'après le mode de formation du liége, indiquer les principes de cette opération, bien connue d'ailleurs, des ouvriers expérimentés.

Le liége de première formation se nomme *le mâle* (c'est de là qu'est venu le mot *démasclage*), et l'enveloppe herbacée, *la mère*, parce qu'elle produit le bon liége.

L'enlèvement du mâle (qui constitue l'opération du démasclage) est *nécessaire* pour permettre à l'arbre de produire du bon liége. Cette écorce n'a aucune valeur, son peu d'élasticité la rendant impropre à la fabrication des bouchons.

Le mâle est généralement formé à l'âge de quatre ou cinq

« 5° Acide gallique.
« 6° Autre acide végétal.
« 7° Gallate de fer.
« 8° De la chaux.
« En tout.. 142,5
« La partie insoluble dans l'eau, traitée par l'alcool, a cédé les « mêmes principes, et de plus :
« 1° Matière analogue à la cire, mais cristallisable, appelée « *cérine*.
« 2° Résine molle (M. Chevreul pense que c'est une combi- « naison de cérine avec une substance qui l'empêche de cristal- « liser).
« 3° Deux autres matières qui paraissent contenir de la cé- « rine unie à des principes non déterminés ; en tout.......... 157,5
« Le liége, épuisé, par l'eau et l'alcool, de toutes ses parties so- « lubles, a pesé.. 700,0

« Somme pareille.......... 1000,0

« M. Chevreul a donné au liége, ou plutôt à la substance qui reste après « les deux opérations, le nom de *subérine* : elle diffère peu, par ses qua- « lités physiques, du liége naturel. Traitée par l'acide nitrique, elle « donne naissance à un acide particulier nommé *A. subérique*. »

ans; mais, à cette époque, le Chêne est encore à l'état de buisson et ne doit pas être écorcé. On attendra donc qu'il ait les dimensions convenables, et encore sera-t-il nécessaire de faire un choix.

Si la forêt est en exploitation, on choisira de préférence les brins élancés, parce que le démasclage favorise le grossissement du tronc aux dépens de son élévation; dans ce cas, les brins ayant de $0^m,20$ à $0^m,30$ de circonférence, et dont le tronc aura $1^m,50$ de hauteur, peuvent être démasclés.

Si la forêt n'a jamais été exploitée, il faut choisir les arbres avec discernement, en laissant, pour être abattus, tous ceux qui ne sont pas très-vigoureux; ceux qui sont en pleine croissance devront être démasclés bas et même d'un seul côté (exposition nord-est), s'ils ont de trop fortes dimensions.

L'opération pratique du démasclage n'est pas sans quelques difficultés, et il importe, dès lors, de tenir compte de certaines circonstances, lorsqu'il s'agit d'y procéder. L'écorce du Chêne-liège ne se détache facilement qu'en temps de séve, et l'on reconnaît que le moment est favorable pour cette opération lorsque les crevasses du mâle prennent une teinte légèrement rosée. Il ne faudrait cependant pas la commencer au moment de la grande abondance de la séve, parce que la moindre blessure pourrait amener un écoulement et occasionner une plaie. On serait, en outre, exposé à voir le liber se détacher sous l'influence des rayons solaires qui, en desséchant les tissus corticaux, peuvent arrêter la végétation, et ce détachement être suivi de la perte de l'arbre, ou arrêter la formation du liége sur une partie du tronc.

On attendra donc que la séve ait bien son cours, et de temps en temps on pratiquera des sondages sur les arbres à démascler, pour s'assurer de l'état de la circulation et voir si l'écorce s'enlève facilement.

On évitera d'écorcer en temps de pluie, parce que l'eau, en s'infiltrant à travers la couche herbacée et le liber, pourrait désagréger les tissus et déterminer ainsi un détachement partiel ou total de l'écorce.

En Algérie, on suspendra l'opération pendant le siroco, et même avant, si on peut le prévoir, parce que ce vent brûlant arrête parfois la végétation et peut faire périr les arbres nouvellement démasclés.

Enfin, après avoir bien choisi l'époque, les arbres et le temps, on opère ainsi qu'il suit : — muni d'une petite hache bien tranchante et spéciale à cet usage, l'ouvrier fait d'abord deux incisions circulaires, l'une au pied du tronc et l'autre à la hauteur où doit s'arrêter le démasclage, en ayant soin de ne pas attaquer la mère. Ces incisions ont pour résultat d'empêcher le soulèvement de l'écorce qui ne doit pas être enlevée. Il fait ensuite une fente verticale entre ces deux incisions, en profitant des crevasses naturelles, soulève les deux bords de l'écorce avec précaution et la détache complètement, soit en faisant levier avec le manche de la hache, soit en frappant légèrement dessus.

L'ouvrier doit toujours éviter avec soin de déchirer la mère, parce que ces blessures occasionnent des écoulements de sève qui gâtent le liége ou empêchent sa reproduction. Si le mâle présentait sur certains points trop de difficultés pour se détacher, il faudrait, afin de ne pas déchirer ou enlever la mère, multiplier les incisions et laisser même des parties non écorcées.

Les blessures de la hache sont peu dangereuses et se cicatrisent plus facilement que les meurtrissures et les déchirures.

Dans certaines localités, il est d'usage, après le démasclage, de faire une ou deux fentes sur la mère, afin que le liége soit moins crevassé. Nous avons souvent examiné des arbres sur lesquels ces fentes avaient été pratiquées sans voir la réalisation du résultat espéré ; nous pensons que cette méthode est vicieuse et doit être abandonnée, parce qu'elle fait à l'enveloppe herbacée une blessure inutile.

On devra toujours brûler les écorces provenant du démasclage, parce qu'elles contiennent ordinairement des œufs d'insectes, et surtout de fourmis, qui, après leurs éclosions, attaquent les arbres démasclés et causent de grands dégâts en perçant le liége dans tous les sens.

L'élagage des branches qui empêchent la production de belles écorces se fait en même temps que le démasclage.

Levée du liége. — La levée du liége exige les mêmes précautions que le démasclage ; ces deux opérations ne diffèrent que par leurs produits.

Le liége, pour être propre à la fabrication des bouchons, doit avoir au moins 0^{m},025 d'épaisseur.

Croissance du liége. — Après le démasclage, la croissance du liége est assez rapide. — Le tableau suivant présente l'épaisseur moyenne des couches annuelles :

Année			
1re année. L'épaisseur de la couche subéreuse varie de	0^{m},0030	à	0^{m},0050
2e — —	0 ,0025		0 ,0040
3e — —	0 ,0020		0 ,0030
4e — —	0 ,0015		0 ,0025
5e — —	0 ,0015		0 ,0025
6e — —	0 ,0015		0 ,0020
7e — —	0 ,0015		0 ,0020
8e — —	0 ,0015		0 ,0020
9e — —	0 ,0015		0 ,0020
Total pour neuf années...	0^{m},0165	à	0^{m},0250
Épaisseur moyenne..		0^{m},0207	
10e année. L'épaisseur de la couche subéreuse varie de	0^{m},0015	à	0^{m},0015
11e — —	0 ,0010		0 ,0015
12e — —	0 ,0010		0 ,0015
Total pour douze années...	0^{m},0200	à	0^{m},0295
Épaisseur moyenne..		0^{m},0247	

Non compris la partie rugueuse de l'écorce que l'on enlève par le raclage et dont l'épaisseur est de 0^{m},002 à 0^{m},005 environ.

L'exposition et la situation des arbres font varier la croissance de l'écorce qui, sous la pression des premières couches, diminue insensiblement et devient uniforme après un certain temps.

Préparation du liége. — Après l'écorçage, on empile le liége pour le faire sécher et rendre les planches horizontales ; dès qu'il est sec, on le racle, c'est-à-dire qu'au moyen d'une plane on enlève les parties rugueuses provenant de la couche herbacée desséchée. Pour rendre ce travail plus facile, on mouille quelquefois légèrement la partie qui doit être enlevée. La seule précaution que doit prendre l'ouvrier, dans cette opération, consiste à ne pas enlever des fragments de liége, ce qui rendrait les planches d'inégale épaisseur.

Après le raclage, le liége est plongé dans de grandes chaudières, où il reste soumis à l'ébullition pendant cinq ou six minutes, pour le rendre souple et le faire gonfler. On ne peut qu'imparfaitement dire ce que l'écorce gagne en épaisseur dans cette opération, parce que, suivant sa qualité, le liége se gonfle plus ou moins, ou revient à sa dimension primitive.

On comprend cependant facilement que l'ébullition, en dissolvant le tanin ainsi que les acides et les sels végétaux (1) renfermés dans le liége, lui enlève sa roideur, et que, dès lors, par suite de son élasticité, il tende à augmenter de volume.

Dans la pratique, le gonflement du liége, après le bouillage, est ordinairement évalué à un cinquième de son épaisseur.

D'après diverses expériences, la dessiccation, le raclage et le bouillage enlèvent au liége 35 pour 100 de son poids ; cette déduction se répartit comme il suit :

Dessiccation, 15 pour 100 ; raclage et bouillage, 20 pour 100. Il importe d'en tenir compte, parce que le liége n'est livré au commerce qu'après ces deux opérations.

Fabrication des bouchons. — Pour la fabrication, les

---

(1) Les eaux ayant servi au bouillage du liége renferment beaucoup de tanin, qui est ordinairement perdu et que l'on pourrait cependant employer soit à la préparation des peaux, soit pour la fabrication de l'acide tannique.

planches de liége sont coupées en bandes, suivant la longueur des bouchons ; ces bandes sont ensuite divisées en carrés longs, que l'on humecte légèrement, pour en rendre le travail plus facile, puis taillées en bouchons, que l'ouvrier sépare, au fur et à mesure, d'après leurs dimensions et leurs qualités (1).

Qualités et usages du Chêne-liége et de son écorce. — Le bois de Chêne-liége est très-dur et se fend mal, ce qui le rend peu propre à l'industrie. Cependant, scié sur maille, il pourrait être utilisé pour la construction des parquets ou pour les traverses de chemin de fer. Il fournit un chauffage très-estimé et tient longtemps au feu : son charbon est de première qualité. Un stère de bois de Chêne-liége écorcé fournit environ un quintal de charbon (100 kil.), et

---

(1) Nous allons donner un exemple de la quantité et du prix de la fabrication des bouchons : 100 kilog. de liége fournissent, en moyenne, 10,000 à 11,000 bouchons, dont les prix sont environ :

Pour les qualités ordinaires............	8 fr. le mille;
Pour les bouchons fins..................	20 fr. le mille;
Pour les bouchons surfins bordeaux.....	40 fr. le mille;
Pour les bouchons à champagne, premier choix..............................	100 fr. à 120 fr. le mille.

On doit observer que plus le liége est fin, moins il y a de déchet et plus il y a de bouchons fins ou surfins.

Les frais de fabrication s'élèvent ainsi, savoir :

1° Achat de liége, 55 fr. les 100 kilogrammes.........			55 fr.	» c.
2° Transport, en moyenne, 2 fr. 50 c. par quintal......			2	50
3° Coupe des carrés, à 0 fr. 40 c. le mille, pour 10,000 bouchons..............................		4 fr.	27	»
4° Façon des bouchons, à 2 fr. le mille,	—	20		
5° Manipulation et choix, à 10 c. le mille,	—	1		
6° Emballage, à 20 c. le mille,	—	2		
		Total...	84 fr.	50 c.

Si nous admettons pour prix moyen des bouchons 12 fr. le mille, soit pour 10,000 bouchons 120 fr., il reste au fabricant un bénéfice de 35 fr. 50 c., sur lesquels on peut déduire les frais généraux de vente, magasinage, courtage et intérêt de l'argent, sans que cette déduction empêche ce commerce d'être très-avantageux, à cause du prix d'achat de la matière première.

la même quantité de Chêne-liége non écorcé n'en fournit que 75 kilogrammes (1).

Employé comme pilotis, ce bois dure assez longtemps.

Les qualités de l'écorce varient suivant le terrain, l'âge et la situation des arbres. Les sols humides produisent un liége gras, crevassé et à gros grains; les arbres de cinquante à cent ans donnent de très-bons produits; les branches et la partie du tronc exposée au midi produisent une écorce plus fine.

Pour être de bonne qualité, le liége doit être blanc fauve, serré, à grains fins, exempt de crevasses, souple et élastique.

Les usages du liége sont trop connus pour que nous entrons dans quelques détails à ce sujet.

---

(1) M. A. Mathieu (*Description des bois des essences forestières les plus importantes*) classe le Chêne-liége dans la section des bois « à vaisseaux inégaux, gros dans le bois de printemps, petits dans le bois d'automne, réunis en groupes variables ; couches bien distinctes. — Bois « peu homogènes, généralement lourds, durs, résistants, à aubier et « bois parfaits et différents.

« A. Vaisseaux groupés en lignes rayonnantes plus ou moins flexueuses.

« *a*. Rayons médullaires épais ou très-épais. — Chêne-liége (*Quercus « suber*, L.). Vaisseaux du bois de printemps peu nombreux, ceux du « bois d'automne en longues lignes rayonnantes fortement flexueuses, « tous obstrués de lignine; rayons très-épais, mais d'épaisseur peu uni- « forme sur la tranche, plus ou moins flexueux, longs, très-longs ou « même indéfinis, plus nombreux que dans le Chêne pédonculé. Bois « très-lourd (plus dense que l'eau), très-dur, très-plein, quelquefois « plus brun que les précédents, à très-grandes maillures, serrées et « blanches, quand la direction du débit est convenable (parallèle aux « rayons). »

Ce même auteur, dans la *Flore forestière*, le décrit ainsi :

« Ce bois est de couleur inégale, gris-brunâtre, brun, brun-rougeâtre, « sans aubier blanc nettement tranché ; il est extrêmement lourd, com- « pacte, sans être aussi homogène et à grain aussi fin que celui de « l'Yeuse. Complétement desséché à l'air, nous lui avons trouvé les den- « sités suivantes : bois d'Algérie de 32 ans, 0,92; bois des Pyrénées- « Orientales de 50 ans, 1,49 ; d'Algérie de 50 ans, 1,56. »

CHAPITRE II.

Aménagement des forêts de Chênes-liége.

I. — FIXATION DE LA RÉVOLUTION.

Dans l'étude de l'aménagement d'une forêt, la fixation de l'âge d'exploitabilité domine et précède toutes les autres questions. — Pour une forêt de Chênes-liége, il y a une double exploitabilité à fixer ; celle de *l'écorce*, qui est le produit principal, et celle *des arbres*, dont le traitement doit être basé sur la plus grande production continue de liége et en vue de la conservation de la forêt.

Exploitabilité de l'écorce du Chêne-liége. — Les couches corticales des végétaux suivent une marche d'accroissement diamétralement opposée à celle des couches ligneuses ; ces dernières s'accroissent du *dedans au dehors*, tandis que l'écorce, au contraire, croît *du dehors au dedans*.

La couche subéreuse semble destinée à ne servir que de vêtement au végétal ; car, lorsqu'elle a acquis, à cet effet, l'épaisseur nécessaire, son accroissement diminue d'une manière sensible.

Que ce ralentissement tienne, ce qui est probable, à ce que, par suite de la constriction des productions antérieures de liége, les nouvelles couches destinées à son entretien ne peuvent acquérir la même épaisseur, ou à la loi qui régit sa formation et son développement, toujours est-il que la nécessité de garantir l'enveloppe herbacée, le liber et l'endoderme de l'influence directe de la chaleur et du froid peut, jusqu'à un certain point, expliquer la croissance rapide de l'écorce subéreuse après le démasclage. Les couches corticales ne conservent pas l'épaisseur totale provenant de tous les accroissements successifs, parce que leur surface extérieure est détruite d'une manière lente et continue par l'action des agents atmosphériques.

Ces points établis, il s'ensuit que, si on voulait retirer

d'une forêt de Chêne-liége la plus grande somme de produits possible, il faudrait écorcer les arbres *chaque année*. Il résulte, en effet, du tableau de la croissance du liége (pag. 13), que c'est après la première production subéreuse qui suit le démasclage, que l'accroissement annuel de l'écorce entre dans la période descendante, et que, par conséquent, c'est à cette époque seule que l'accroissement annuel peut être égal à l'accroissement moyen (1).

Mais, comme ce mode d'exploitation ne ferait récolter que du liége de $0^m,003$ à $0^m,005$ d'épaisseur, il est évident que l'*exploitabilité absolue* est inapplicable.

Il faut donc recourir à l'*exploitabilité relative* la plus avantageuse par rapport au produit *en matière* et au revenu *en argent*.

L'exploitation d'une forêt de cette essence serait vicieuse, si elle devait seulement avoir pour résultat d'en retirer, dans un temps *indéterminé*, la plus grande somme de produits utiles; car le prix du liége ne s'élevant pas en raison directe de son épaisseur et les écorces de fortes dimensions se vendant, en proportion, moins cher à cause de leur usage plus restreint, il y aurait toujours perte, en matière et en argent, si on dépassait de beaucoup la révolution nécessaire au liége pour acquérir son épaisseur vénale ou commerciale (2).

Dès lors, cette dimension, et par suite, l'âge où l'écorce subéreuse l'acquiert, doivent seuls servir de base et de règle pour son exploitabilité.

Donc, *la révolution la plus avantageuse, pour la for-*

---

(1) Voir *Études sur l'aménagement des forêts*, par M. Tassy, inspecteur des forêts.

(2) Un exemple rendra ce résultat plus évident. Admettons que, sous la même dimension, le liége pèse le même poids, et supposons un arbre produisant 10 kilog. de liége de $0^m,024$ d'épaisseur, en douze années. D'après la marche d'accroissement de ce produit, il faudra une période de vingt-trois ans environ, pour lui faire acquérir une épaisseur de $0^m,036$, et par suite un poids de 15 kilog.; et une révolution de quarante ans pour avoir la même écorce avec une épaisseur de $0^m,048$, dont le

mation de la couche subéreuse, est celle qui permet d'obtenir, dans la période la plus courte, la plus grande quantité possible de liége ayant l'épaisseur commerciale ($0^m,023^{mm}$) (1).

Les expériences faites sur la croissance du liége ont démontré, à cet égard,

1° Que la production de la couche subéreuse est plus considérable et plus rapide sur les arbres isolés que sur ceux venus en massifs;

2° Que l'accroissement du liége dépend de la vigueur de la végétation;

3° Que la croissance de la couche subéreuse est plus forte en Algérie qu'en France;

---

poids serait alors de 20 kilog. Mais, pendant la période de vingt-trois ans, on aurait pu récolter deux planches de liége ayant $0^m,023$ et pesant ensemble 20 kilog.; soit donc 5 kilog. de perte. Dans le second cas, on aurait eu, en quarante ans, trois écorces de $0^m,023$ pesant ensemble 30 kilog., plus une production de quatre années de liége d'une épaisseur de 0,011 et pesant 4 kilog.; soit donc une perte de 14 kilog.

Admettons, maintenant, que le prix du liége soit en raison directe de son épaisseur; on a, dans le premier cas, 15 kilog. de liége de $0^m,036$, se vendant à raison de 0 fr. 825 le kilog. (le prix moyen du liége étant de 55 fr. les 100 kilog. pour une épaisseur de 0,023); soit en argent 12 fr. 37 c. Mais les 20 kilog. qu'on aurait pu récolter auraient produit une somme de 11 fr., à laquelle il faut ajouter l'intérêt, à 5 pour 100, pendant douze ans, de 5 fr. 50 c., prix de la première écorce récoltée; soit 3 fr. 30 c., en tout 14 fr. 30 c.; il y a donc une perte en argent de 1 fr. 93 c.

Dans le second cas, on a 20 kilog. de liége vendu à 1 fr. 10 c. le kilog. pour une épaisseur de $0^m,048$; soit 22 fr. Mais les 30 kilog. de liége d 0,023 auraient produit 16 fr. 50 c., plus les intérêts de 5 fr. 50 c. pendant vingt-huit, seize et quatre ans à 5 pour 100, soit 13 fr. 20 c.; en tout 29 fr. 70 c. Il y a donc ici une perte de 7 fr. 70 c., non compris les quatre années de production d'écorce estimée à 1 fr. 50 c.

La différence pourra être bien plus considérable, parce que le prix du liége n'arrivera jamais, ou que très-exceptionnellement, aux prix indiqués. Mais, quelque minime que soit la perte, elle s'élèvera à un chiffre assez important dans une forêt de cent à deux cent mille arbres, attendu que nos calculs représentent la perte réelle sur la production ordinaire d'un seul arbre.

(1) L'épaisseur actuelle du liége accepté dans le commerce pour la fabrication des bouchons est de $0^m,023^{mm}$ au *minimum*.

4° Que, dans des conditions convenables, la plus courte période nécessaire au liége pour acquérir l'épaisseur de $0^m,025^m$ (1), est de huit années pour l'Algérie et de dix années pour la France.

D'après ces principes, les forêts de Chêne-liége devront d'abord ne pas être élevées *à l'état serré*; ensuite, pour prévoir tous retards de végétation provenant du sol, de l'exposition ou de la situation des arbres, on adoptera, pour terme d'exploitabilité de l'écorce du Chêne-liége, *l'âge de neuf ans* pour l'Algérie, et *de douze ans* pour la France.

Exploitabilité des Chênes-liége. — Quoique les accroissements annuels de la couche subéreuse, après le démasclage, soient plus forts sur de jeunes sujets que sur de vieux arbres, la quantité d'écorce produite, dans la même période et avec une croissance moindre, sera cependant d'autant plus considérable que les Chênes-liége seront d'un âge plus avancé, parce qu'avec eux la diminution de croissance se trouvera largement compensée par l'augmentation de la surface productrice. — Il semble, d'après cela, qu'il y aurait avantage, en reculant le terme de la révolution et abstraction faite de l'épaisseur de l'écorce, d'augmenter sensiblement, dans la *même période*, la production en matière de la forêt, par suite du plus gros volume des arbres. Mais, comme on serait exposé à ne récolter que du liége n'ayant pas l'épaisseur voulue, et que la diminution de la valeur vénale des écorces d'une dimension inférieure à 0,025 ne serait pas compensée par l'excédant de la production, il en résulterait une réduction dans le revenu en argent, si on admettait cette *exploitabilité absolue* en matière.

D'ailleurs une révolution fixée d'après cette base aurait cet autre inconvénient d'entretenir un peuplement très-vieux dont la régénération occasionnerait des interruptions dans le rendement de la forêt.

(1) V. la note précédente.

D'un autre côté, si on recherchait seulement la plus grande épaisseur des écorces, il serait très-avantageux d'abréger la révolution ; car on gagnerait forcément en dimension ce que l'on perdrait en quantité. Mais alors, les démasclages devenant plus nombreux et plus fréquents, les frais d'exploitation absorberaient une partie des produits. Il en résulte que l'*exploitabilité absolue*, au point de vue de l'épaisseur de l'écorce, ne peut pas, non plus, réaliser le plus grand revenu en argent.

Il faut donc chercher quelle est, pour les arbres, la révolution qui permettra de récolter, en neuf ou en douze années, la plus grande quantité possible de liége ayant 0^{m},025 d'épaisseur, en assurant le *produit soutenu* et la *régénération de la forêt*.

Le maximum d'accroissement du corps ligneux se produit dans la période descendante des accroissements annuels ; mais cette phase indique un affaiblissement de la végétation qui doit influer sensiblement sur la croissance de l'écorce. Dès lors, à mesure que l'arbre avancera dans sa période descendante, il faudra un temps plus long pour que la couche subéreuse puisse acquérir l'épaisseur de 0^{m},025. Le résultat de cette loi naturelle serait de nécessiter l'emploi d'une révolution plus longue pour l'écorce, ce qui diminuerait forcément le revenu en argent et la production en matière, ainsi que nous l'avons déjà démontré.

Mais, avant de décroître, la végétation, après être arrivée à son apogée, reste stationnaire pendant un temps assez long ; c'est dans cette période ou, pour mieux dire, à la limite supérieure de la phase ascendante des accroissements annuels, que la végétation, ayant acquis toute sa force, pourra réaliser, dans la révolution fixée, la plus grande production possible de liége sous le rapport de la quantité et de l'épaisseur des écorces.

L'époque la plus favorable, sous tous les rapports, à l'*exploitabilité relative* étant ainsi déterminée, comme les arbres sont écorcés depuis leur jeunesse jusqu'au terme de la révolution et qu'il est impossible de maintenir une forêt à un âge fixe, on se rapprochera, le plus possible, du produit *maximum*, si la moyenne de tous les âges des arbres exploités correspond sensiblement à l'apogée de la végétation (1).

Donc, *la révolution la plus avantageuse pour la production du liége est celle où la moyenne de tous les âges des arbres écorcés correspond sensiblement à l'époque du dernier plus grand accroissement annuel*.

Cherchons, d'après ce principe, l'âge d'exploitabilité à adopter : le Chêne-liége reste en assez bon état de croissance et produit du liége jusqu'à cent cinquante ou deux cents ans; quoique des expériences complètes, certaines et nombreuses nous manquent pour affirmer le fait, nous ne croyons pas nous trop écarter cependant de la vérité en fixant à quatre-vingt-dix ans la limite de la période ascendante. Toutefois, afin de conserver plus de latitude et tenir compte des différences du sol et des expositions, nous supposerons que c'est à quatre-vingts ans que commence la période stationnaire de la végétation. Cette époque étant la moyenne fixée et les Chênes-liége étant rarement mis en valeur avant l'âge de dix ans, pour avoir la révolution correspondante, il faut déterminer le dernier terme d'une proportion continue, dont 10 est un extrême et 80 le terme moyen : en désignant par R l'âge cherché, on a,

$$\frac{10 + R}{2} = 80, \text{ d'où } R = 80 \times 2 - 10 = 150.$$

(1) La végétation suivant, dans sa période descendante, une marche plus rapide que dans sa période ascendante, il y aura avantage à maintenir la moyenne d'âge dans la phase d'accroissement, pour éviter les ralentissements brusques de la végétation qui pourraient se produire ; attendu, d'ailleurs, que la différence qui en résultera pour la production, relativement à la dimension des arbres, sera toujours compensée par la vigueur de la croissance.

La révolution des Chênes-liége sera donc fixée à cent cinquante ans (1).

Mais cet âge d'exploitation nécessite un aménagement en futaie, et le mode le plus convenable semblerait celui du réensemencement naturel et des éclaircies. Nous allons cependant démontrer combien ce mode est désavantageux. D'abord une des conséquences naturelles de ce traitement est d'élever les forêts à l'état serré, ce qui est contraire au développement rapide de la couche subéreuse; d'un autre côté, des éclaircies périodiques, pratiquées à l'âge de vingt ou trente ans, enlèveraient une très-grande quantité de brins démasclés ou obligeraient de retarder beaucoup l'époque du démasclage, deux inconvénients également graves; enfin l'obstacle le plus sérieux proviendrait des coupes définitives qui occasionneraient de longues interruptions dans le revenu. — La plus-value du bois pourrait peut-être compenser quelques-uns de ces désavantages; mais, comme une forêt de Chênes-liége doit être spécialement aménagée au point de vue de la récolte des écorces, le jardinage, bien que diminuant la production ligneuse, devra être, en conséquence, préféré pour l'aménagement des *arbres*.

Ce mode d'exploitation ne présente, en effet, aucun des inconvénients ci-dessus; il ne maintient pas le peuplement à l'état serré, il assure la régénération de la forêt, évite des interruptions dans la production et facilite le maintien de la moyenne d'âge indiquée.

Le terme de cette révolution permettant, en outre, de retirer un revenu assuré du bois et ne rendant pas les démasclages trop nombreux et trop fréquents, l'exploitabilité

(1) Cette révolution est à peu près la limite extrême. Comme ce terme d'exploitabilité ne sert qu'à déterminer le nombre d'arbres à exploiter annuellement pour conserver le peuplement, si, par suite de circonstances particulières, on reconnaissait que la révolution est trop longue, on pourrait la réduire sans autre inconvénient que de modifier le nombre des arbres abattus et démasclés chaque année. (Voir *Marche des coupes, Martelage*, page 43.)

de la forêt nous paraît pouvoir, par ce mode d'exploitation, être fixée de la manière suivante :

1° Les levées du liége seront soumises à une révolution de neuf ou de douze ans ;

2° Les arbres seront exploités à une révolution de cent cinquante ans et soumis à un jardinage d'après les règlements de coupe fixés par l'aménagement.

II. — DIVERS MODES D'AMÉNAGEMENT EMPLOYÉS EN FRANCE ET EN ALGÉRIE.

Du jardinage. — Le mode d'aménagement le plus usité, pour les *écorces*, dans les forêts de Chênes-liége est le jardinage, dont nous allons faire ressortir les principaux inconvénients. Ce mode d'exploitation consiste à récolter le liége sur toute l'étendue de la forêt lorsqu'il a les dimensions portées au cahier des charges. L'administration forestière concède ce droit dans les forêts domaniales et communales par un fermage ordinairement de douze années, dont le prix est fixé en adjudication publique.

Or, dans une forêt d'une certaine étendue, on peut affirmer, sans crainte, que l'on ne connaît que d'une manière très-vague, et seulement par les exploitations antérieures, la quantité et la valeur du liége que récoltera le fermier.

Le cahier des charges pour le fermage de l'écorce des Chênes-liége porte, art. 18, § 2 : « Les planches de liége « ainsi levées ne pourront avoir une épaisseur inférieure « à 0m,025 sur les neuf dixièmes au moins de leur sur- « face. » Il sera cependant facile d'enfreindre les dispositions de cet article, dans une forêt étendue, où la surveillance est difficile, parce que les ouvriers travaillent isolément.

L'article 26 du même cahier des charges impose au fermier l'obligation de faire connaître à l'agent local les arbres renversés par les vents ou séchant sur pied, afin qu'ils soient vendus comme menus marchés. Si l'on considère que les forêts ainsi affermées ont jusqu'à 1,000 et 2,000 hectares, qu'en général elles sont obstruées par les broussailles et privées de chemins, que les ouvriers n'y sont occupés que pendant deux ou trois mois, il sera facile de comprendre comment cette clause n'est pas exécutée par le fermier, qui préfère lever le liége sur des arbres dépérissants plutôt que d'avoir à toucher l'indemnité fixée par cet article (1).

Il arrive donc assez souvent que les arbres sont complétement morts au moment de leur abatage, ce qui occasionne une perte pour le Trésor, par suite de la moins-value du bois, et un dommage sensible à la forêt, parce que la souche ne donne plus de rejets.

Le prix élevé du fermage et le temps pendant lequel il faut attendre pour réaliser un bénéfice éloignent des adjudications la concurrence des petits marchands. A cela si l'on ajoute que la levée du liége, chaque année, sur toute la superficie de la forêt, augmente de beaucoup les frais d'exploitation et, par conséquent, réduit le prix de location, on voit que le jardinage des écorces, en même temps qu'il livre la forêt à une exploitation vicieuse, a pour résultat d'en diminuer le revenu.

Les partisans de ce système répondent à cela que ce mode d'exploitation donne du liége de bonne qualité, tandis que tout autre ferait récolter des écorces trop minces. En nous réservant de faire connaître plus loin le moyen d'obvier à cet inconvénient, s'il se présentait, nous dirons d'abord, et sans vouloir faire un rapprochement, que l'expérience a démontré le peu de fondement d'une objection aussi générale, lorsqu'on songe qu'elle a été faite aux modifications à apporter dans l'aménagement des forêts à élever en futaie et dans lesquelles le jardinage était pratiqué.

---

(1) Cette indemnité a pour base la quantité d'écorce que ces arbres auraient pu produire et leur valeur pendant l'année.

De l'exploitation des forêts concédées en Algérie. — Les inconvénients du jardinage ont été si bien compris, que, pour adopter un mode d'exploitation plus régulier, les forêts de Chênes-liége concédées en Algérie ont été aménagées de la manière suivante :

La superficie totale de la forêt a été divisée en huit coupes d'égale contenance à exploiter annuellement ; chaque coupe est démasclée successivement et arrive en tour d'exploitation à la fin de la révolution. Mais, pendant cette période, des arbres trop jeunes, au moment du démasclage, pourront acquérir des dimensions convenables pour être écorcés, et cependant ils ne seront mis en valeur que lors de l'exploitation de la coupe. Il y aura donc, pour ces arbres, perte de production de liége pendant plusieurs années.

Si l'on veut remédier à cet état de choses, on retombe dans le jardinage avec de plus mauvaises conditions à cause de la succession des coupes.

Ces inconvénients ont, d'ailleurs, été déjà remarqués par les concessionnaires de ces forêts, qui demandent l'application pure du jardinage (1).

III. — DE L'AMÉNAGEMENT RÉGULIER DES FORÊTS DE CHÊNES-LIÉGE.

Principes de l'aménagement en général. — Un bon aménagement doit satisfaire à deux conditions indispensables, savoir : 1° déterminer la possibilité de la forêt ; 2° régler son exploitation de manière à assurer annuellement une succession constante et égale des meilleurs produits possibles.

Le jardinage ne remplissant aucune de ces deux conditions doit être rejeté ; et le mode adopté en Algérie a

(1) Rapport en date du 25 juin 1856, présenté par M. Louis Bergasse, gérant de la concession Lecoq et Berthon dans la forêt de l'Edough, près Bone.

besoin de grandes modifications pour être soumis à l'exécution de la deuxième règle.

1° *Déterminer la possibilité.* — L'écorce du Chêne-liége, qui, dans les forêts dont nous nous occupons, forme le produit principal, a une corrélation exacte avec la partie ligneuse de l'arbre. Dans un aménagement ordinaire, c'est le volume du tronc qui indique le matériel exploitable et, par suite, la possibilité en bois. De même, dans ces forêts, le volume des arbres servira à déterminer la possibilité en liége, en procédant par des cubages et des comptages.

Une étude préliminaire devra cependant, dans le cas de différence notable dans les peuplements, faire diviser la forêt en séries d'après le nombre d'arbres par hectare (1).

Dans chaque série, on mesurera ensuite la circonférence et la hauteur de tous les arbres (2), ou d'un certain nombre seulement, en comprenant les branches ayant $0^m,40$ ou $0^m,45$ de tour au minimum. Suivant ces comptages, on établira des catégories d'après le nombre d'arbres par hectare et par moyenne de circonférence et de hauteur.

Mais, comme la première écorce du Chêne-liége (le mâle) a quelquefois une épaisseur différente de celle que doit avoir le bon liége, on en déterminera la dimension au moyen de quelques sondages; ensuite, du diamètre total des arbres on en déduira le double de l'épaisseur du mâle, ce qui donnera le diamètre et, par suite, la circonférence enveloppante de la mère.

---

(1) Si un terrain ayant un peuplement très-clair était susceptible d'avoir un peuplement très-complet, on devrait le classer, avec une observation, dans cette catégorie, parce qu'on doit tenir compte non-seulement du peuplement actuel, mais encore de celui à admettre, pour l'avenir, dans chaque série.

(2) On pourrait, dans des circonstances particulières, prendre les dimensions d'un arbre ayant l'âge moyen de la révolution fixée, pour déterminer la possibilité de la forêt, en admettant que les arbres de cet âge aient des dimensions semblables : en général, il sera préférable d'établir une moyenne en mesurant les arbres qui ne dépassent pas le terme de la révolution.

Cette dimension, multipliée par la hauteur moyenne du démasclage, fournit la surface productrice de liége pour chaque arbre. On obtiendra ensuite le volume de ce produit en multipliant cette surface par $0^m,023$ (1), épaisseur minimum que doit avoir le liége pour servir à la fabrication des bouchons.

Mais le liége se vendant au poids et non au volume, il nous reste à déterminer le poids de ce produit ; le coefficient du poids spécifique du liége sec, qui est 0,24 (2), donne immédiatement ce résultat, et par suite la valeur en argent de la production de chaque arbre.

On déterminera ensuite, soit par des comptages, soit par des places d'essai, une moyenne de peuplement par dimension, de manière à arriver à une moyenne générale pour le volume et pour le peuplement par hectare. La multiplication du produit de ces deux types par la production moyenne par arbre donnera la possibilité en liége de la forêt et la valeur en argent de cette production (3), soit par série, soit pour la contenance totale.

Ce chiffre, quoique inexact (4), sera cependant suffisant

---

(1) Le chiffre de $0^m,023$ ne sert que pour les opérations de l'aménagement. Cette dimension devra, plus tard, être remplacée par l'épaisseur moyenne que présentera le liége dans chaque coupe.

(2) Le coefficient 0,24, donné par différents auteurs, est trop fort, parce qu'il a été calculé sur des échantillons de liége sec et choisi. Plusieurs expériences faites sur du liége sec de diverses qualités ont donné de 0,195 à 0,233. Afin de rester dans une juste limite, nous adopterons le chiffre de 0.22. Il sera cependant nécessaire, dans la pratique, de calculer ce coefficient pour chaque forêt sur laquelle on opérera.

(3) Soient a la moyenne de circonférence, b la moyenne de hauteur, et p le peuplement moyen par hectare, on aura $a \times b$ pour la surface productrice du liége ; $a \times b \times 0^m,023^{mc}$ donne le volume du liége par arbre ; $(a \times b \times 0,023) \times 0,22$ donne le poids du liége par arbre ; $[(a \times b \times 0^m,023) \times 0,22] \times p$ donne la production en poids ou la possibilité par hectare.

La possibilité pour la forêt et la valeur en argent s'obtiennent en multipliant ce produit par le nombre d'hectares et par le prix marchand du liége.

(4) Un comptage général des arbres exploitables donnerait un chiffre

pour déterminer l'étendue et l'importance des coupes; on pourra, d'ailleurs, le vérifier et le modifier, au fur et à mesure des exploitations, d'après les démasclages et les coupes d'arbres.

2° *Régler l'exploitation de la forêt de manière à assurer annuellement une succession égale et constante des meilleurs produits possibles.* — En divisant la possibilité totale de la forêt par 9 pour l'Algérie (1) et par 12 pour la France, on obtient le chiffre de la production annuelle des coupes. Ce chiffre, divisé par celui de la production par arbre, donne le nombre d'arbres des coupes, d'où, par la classification du peuplement en série, on en déduit leur contenance.

Le démasclage, au lieu de s'opérer en une seule fois sur toute la surface exploitable de l'arbre, serait pratiqué, sur la même étendue, en trois fois avec un intervalle de trois ou de quatre années, ce qui ramènerait les coupes tous les trois ou quatre ans en tour d'exploitation.

Si on écorce en une seule fois tout le tronc d'un Chêne-liége, la séve, obligée d'agir sur cette surface pour reproduire l'écorce, y afflue en abondance aux dépens des autres parties; et la végétation, comme toutes les forces vitales, perdant de son intensité en raison directe de la surface sur laquelle elle agit, il en résulte que la production du liége diminue en raison directe de l'étendue du démasclage. Voilà ce qui explique pourquoi de gros arbres démasclés en une seule fois, sur une grande surface, sont morts par suite de la perturbation amenée dans la circulation de la séve, ou bien n'ont pas réalisé les espérances de production que leurs dimensions avaient fait concevoir.

---

exact; mais ce chiffre aurait peu d'importance, parce que la production du liége peut varier d'après le peuplement imposé aux coupes, et dont on ne peut apprécier les dimensions futures que par comparaison.

(1) On a admis en Algérie une révolution de huit ans; mais il est reconnu que ce terme est trop court. Une révolution de neuf ans donne de meilleurs produits et se prête mieux aux démasclages successifs de l'aménagement proposé.

Le démasclage, s'opérant en trois fois, avec un intervalle de trois ou quatre années, ne fatiguera pas l'arbre dont la circulation sera moins vivement excitée, parce que la reproduction de l'écorce aura lieu sur une plus petite surface; d'un autre côté, la production du liége sera plus considérable (1),

(1) Le démasclage active la végétation, parce que l'arbre a besoin de renouveler la couche subéreuse qui lui sert en quelque sorte de vêtement. Ce fait résulte de la production rapide du liége, immédiatement après le démasclage. (Voir le tableau, p. 15.) En renouvelant cette opération, on donne plus d'activité à la végétation et, toutes les parties en profitant également, il devrait, chaque fois, se reproduire le même développement de liége. Mais il faut observer qu'après le 2e démasclage les nouvelles couches de la partie non écorcée se trouvent pressées par l'écorce subéreuse des années précédentes, ce qui ne leur permet pas d'acquérir la même épaisseur, et qu'après le 3e démasclage la décroissance plus forte du liége provient de la pression plus considérable des couches antérieures. Le tableau ci-dessous indique le développement probable d'une même écorce de liége après les trois démasclages opérés sur les différentes parties du même arbre. Les indications de ce tableau proviennent de nombreuses observations faites sur la croissance du liége dans des conditions à peu près semblables à celles que nous indiquons.

Révolution de neuf ans pour l'Algérie.

		La croissance du liége		
Après le 1er démasclage,	1re année.	variera de	$0^m,0030$ à	$0^m,0050$
	2e —	—	0 ,0025	0 ,0040
	3e —	—	0 ,0020	0 ,0030
Après le 2e démasclage,	4e —	—	0 ,0025	0 ,0040
	5e —	—	0 ,0020	0 ,0030
	6e —	—	0 ,0015	0 ,0025
Après le 3e démasclage,	7e —	—	0 ,0020	0 ,0030
	8e —	—	0 ,0015	0 ,0025
	9e —	—	0 ,0015	0 ,0020
			$0^m,0185$ à	$0^m,0290$
		Épaisseur moyenne...	$0^m,0237$	

Révolution de douze ans pour la France.

Le tableau suivant indique approximativement les conséquences de ce mode d'exploitation sur la croissance du liége, qui sera,

Après le 1er démasclage,	1re année, de	$0^m,0030$ à	$0^m,0050$
	2e —	0 ,0025	0 ,0040
	3e —	0 ,0020	0 ,0030
	4e —	0 ,0015	0 ,0025
	A reporter	$0^m,0090$ à	$0^m,0145$

et le tronc de l'arbre lui-même se développera davantage (1).

La première année, on démasclera la moitié du tronc sans excéder une hauteur de 1 mètre à 1^{m},25 ; la 4e ou 5e année, on démasclera jusqu'aux branches, ou la même surface que la première fois, si le tronc est trop élancé ; enfin, la 7e ou 9e année, on démasclera le restant du tronc ou les branches de 0^{m},40 de tour sans dépasser une longueur de 1 mètre.

Si les branches principales avaient de fortes dimensions, on pourrait continuer cette opération jusqu'à la limite indiquée ci-dessus, en ayant soin, toutefois, de ne pas fatiguer l'arbre.

Ces trois démasclages, dans le tableau de la marche des coupes, sont représentés par les lettres *a*, *b*, *c*. Les levées de liége correspondantes sont indiquées par les lettres A, B, C. Si on faisait plus de trois démasclages, on indiquerait alors ces opérations par les lettres *a'*, *b'*, *c'* ou *a''*, *b''*, *c''*, et les levées du liége par A', B', C' ou A'', B'', C'', etc.

Cette succession de coupes amènera en tour d'exploitation, chaque année, une des trois parties démasclées, dans trois coupes différentes, ce qui égalisera les produits en les rendant plus abondants et de meilleure qualité.

	Report.	0^{m},0090 à	0^{m},0145
Après le 2e démasclage,	5e année, de	0 ,0020	0 ,0030
	6e —	0 ,0015	0 ,0025
	7e —	0 ,0015	0 ,0020
	8e —	0 ,0015	0 ,0020
Après le 3e démasclage,	9e —	0 ,0020	0 ,0025
	10e —	0 ,0015	0 ,0020
	11e —	0 ,0015	0 ,0015
	12e —	0 ,0010	0 ,0015
		0^{m},0215 à	0^{m},0315
	Épaisseur moyenne.....	0^{m},0265	

(1) Par suite de l'affluence de la sève dans les couches corticales et dans le liber, la même cause qui augmentera le développement du liége contribuera au grossissement du tronc lui-même. Ce résultat de l'écorçage a, d'ailleurs, déjà été remarqué. (Voir *Annales forestières*, 1857, p. 119 et suiv.)

Règlement d'exploitation des arbres vieux et dépérissants. — Bien que, dans une forêt de Chênes-liége, l'écorce forme le produit principal, on ne doit cependant pas négliger l'exploitation des arbres, soit comme revenu, soit pour renouveler le peuplement de la forêt.

Le Chêne-liége peut donner une bonne écorce jusqu'à deux cents ans; mais comme les démasclages, en activant sa végétation, hâteront sa vieillesse, sa révolution a été fixée à cent cinquante ans. L'exploitation des arbres, à cette époque, aura le double avantage de donner du bon bois de chauffage et d'entretenir un peuplement vigoureux (1).

Deux cas peuvent se présenter dans l'exploitation de ces forêts : 1° le peuplement peut être incomplet, quoique assez vigoureux pour fournir plusieurs exploitations de liége; 2° le peuplement peut être incomplet et en même temps trop vieux pour servir de base à une production régulière de l'écorce.

Dans le premier cas, on devra déterminer le nombre d'arbres nécessaire pour compléter le peuplement et la durée présumée de la période transitoire indispensable pour effectuer cette augmentation. On répartira, pendant cette période et par coupes triennales ou de quatre ans, l'exploitation des arbres tout à fait dépérissants; pendant ce même temps, on augmentera progressivement le nombre des jeunes sujets démasclés afin de compléter le peuplement et de remplacer les arbres enlevés.

---

(1) Si on coupait ces arbres à deux cents ans, on diminuerait les frais de démasclage, et, pendant les cinquante années dont s'accroîtrait la révolution, on aurait cinq périodes de production de liége; mais l'arbre aurait perdu de sa valeur comme bois, tandis que, s'il est coupé à cent cinquante ans, les brins de semence ou les rejets de souche qui le remplaceront donneront trois périodes de liége dont les produits réunis seront inévitablement supérieurs à ceux qu'aurait donnés l'arbre coupé pendant les cinquante dernières années. En outre, la forêt aura été améliorée, puisque son peuplement sera plus jeune et plus vigoureux. Il y a donc intérêt à abattre les arbres lorsque la production du liége décroît, c'est-à-dire à cent cinquante ans.

On établira, dans le second cas, une révolution transitoire pendant laquelle on devra abattre tous les arbres existants pour les remplacer graduellement par un jeune peuplement.

Il est inutile de dire que, si, sous les arbres vieux, il existait un jeune perchis assez complet et susceptible d'avenir, on devrait le dégager immédiatement par un jardinage bien dirigé, démascler les jeunes sujets, et exceptionnellement, quelques vieux arbres, encore vigoureux, comme porte-graines.

Lorsque la forêt sera dans son état normal, on établira un martelage régulier qui devra enlever par coupe le tiers des arbres démasclés pour entretenir la production.

En effet, supposons que, la première année, on démascle cent cinquante arbres dans une coupe, le peuplement sera augmenté d'autant ; quatre ans après, ces arbres subiront le second démasclage, mais sans amener de modification dans le peuplement ; enfin, à la septième année, ces mêmes arbres seront démasclés pour la troisième fois. On voit donc que quatre cent cinquante démasclages dans les exploitations triennales d'une coupe n'en augmentent, en réalité, le peuplement que de cent cinquante arbres. Pour en enlever le même nombre dans les trois exploitations, il faudra donc abattre cinquante arbres chaque fois.

Cette extraction d'arbres, qui aura lieu tous les 3 ou 4 ans dans la même coupe, sera faite en jardinant ; dans cette circonstance, on devra toujours modifier le martelage suivant l'état du peuplement, parce que son but est de régénérer la forêt sans en interrompre la production, et, en même temps, de maintenir une moyenne d'âge de 75 à 80 ans, époque où le Chêne-liége donne les meilleurs produits et en plus grande abondance.

Assiette des coupes. — Les coupes seront d'abord calculées par nombre d'arbres et ensuite assises sur le terrain par contenance ; on leur donnera assez d'étendue pour qu'elles soient à la portée de tous les adjudicataires. Si, pour éviter deux séries, les coupes doivent avoir une grande superficie, on remédie à cet inconvénient par la facilité avec laquelle on peut les diviser en lots séparés pour la vente.

Exploitation des coupes. — Avant le démasclage, on débroussaillera les coupes de telle sorte que ce nettoiement précède d'une année l'enlèvement du mâle; on ouvrira en même temps les routes et les sentiers nécessaires pour la vidange et l'exploitation.

Lorsqu'on effectuera la levée du liége, on démasclera les jeunes sujets qui peuvent entrer en valeur, et on exploitera les arbres vieux et dépérissants. A cette même époque, on entretiendra les débroussaillements ainsi que les sentiers de la coupe. Le jeune peuplement sera nettoyé et élagué; si quelques arbres, dans un sol ingrat ou dans une position désavantageuse, ne donnaient pas du liége de bonne dimension, on les laisserait pour les prendre en tour à la coupe suivante, ce qui, sans inconvénient pour l'aménagement, porterait leur révolution à 12 ou à 16 ans.

Chaque coupe venant en tour d'exploitation tous les 3 ou 4 ans, les travaux d'amélioration seront plus suivis, et il n'y aura jamais que 2 ou 3 ans de retard pour le démasclage ou l'abatage des arbres.

Il pourra cependant arriver qu'à l'époque de l'exploitation de la coupe A des arbres n'aient pas les dimensions convenables pour le démasclage et qu'à la coupe C ces arbres soient à mettre en valeur; bien que le démasclage *a* n'ait pas été fait, on opérerait immédiatement le démasclage *c* en renvoyant aux coupes correspondantes les démasclages *a* et *b*.

Avantages de l'aménagement proposé. — La division d'une forêt en coupes régulières et assises sur le terrain permet une surveillance plus active; en outre, les ouvriers, travaillant sur un espace plus restreint, perdent moins de temps, ce qui diminue sensiblement les frais d'exploitation.

A l'époque des ventes, les agents peuvent faire une estimation exacte des produits, puisqu'on connaît le nombre des arbres de la coupe, et, si l'on tient compte des démasclages annuels ainsi que de l'accroissement des arbres, on peut établir un état du matériel de la forêt et de ses produits, qui servira à contrôler les résultats de l'aménagement.

En résumé, les avantages de ce mode d'aménagement seraient

1° D'arriver à la connaissance plus exacte de la possibilité de la forêt et de la valeur réelle de ses produits;

2° De régulariser les coupes en les améliorant ;

3° De rendre les exploitations plus faciles et la surveillance plus efficace;

4° De conserver les forêts en assurant leur repeuplement et leur régénération ;

5° Enfin de rendre ces exploitations accessibles à tous les adjudicataires.

Les forêts de Chênes-liége, ainsi aménagées, laisseront peut-être encore à désirer, mais elles présenteront, à coup sûr, une amélioration notable sur l'état actuel, en attendant que l'on puisse donner à l'exploitation de cette partie de la richesse territoriale de la France et de l'Algérie une marche tout à fait régulière.

IV. OPÉRATIONS RELATIVES A UN AMÉNAGEMENT DE FORÊT DE CHÊNES-LIÉGE.

Nota. — Les calculs qui vont suivre, et notamment ceux relatifs aux frais d'aménagement et d'exploitation, ont été faits pour les concessions de forêts de Chênes-liége en Algérie; ils peuvent, cependant, servir de guide pour un aménagement de ces forêts en France.

Détermination de la possibilité. — Après le lever exact de la forêt que nous supposerons de 1,000 hectares et dans laquelle il n'a été fait aucune exploitation, les comptages d'arbres pouvant fournir plusieurs révolutions, on fait diviser le peuplement ainsi qu'il suit :

1re série.	120 hectares, à	50 arbres par hect.,	donnent	6,000 arbres.
2e —	150 —	100	—	15,000 —
3e —	250 —	200	—	50,000 —
4e —	90 —	300	—	27,000 —
5e —	160 —	400	—	64,000 —
6e —	230 —	500	—	115,000 —
	1,000		Total......	277,000 arbres.

(Dans le peuplement de cinq cents arbres par hectare, on comprend les brins au-dessous de $0^m,50$ de tour.)

Des cubages pratiqués dans ces différentes séries ont fait ensuite classer les arbres, d'après leurs dimensions, suivant quatre catégories, savoir :

Catégorie.	Circonférence.	Hauteur avec les branches.	Arbres
1re	$1^m,60$	$4^m,00$ par hectare.	40
2e	$1^m,30$	$3^m,00$ —	70
3e	$1^m,00$	$2^m,50$ —	110
4e	$0^m,50$	$2^m,00$ —	200
		Total.......	420

(Les circonférences sont calculées avec déduction du mâle.)

Le nombre d'arbres par hectare indique les moyennes, et le chiffre de quatre cent vingt représente le maximum de peuplement d'un hectare, non compris les brins au-dessous de $0^m,50$ de tour.

D'après ces comptages, la moyenne des arbres est de $0^m,869$ de circonférence et $2^m,50$ de hauteur avec les branches (1), et la moyenne de peuplement est de deux cent soixante-dix-sept arbres par hectare.

---

(1) Nous avons établi pour le tronc et les branches réunies la même circonférence, afin de laisser plus de latitude dans le choix de ces dernières, dont les circonférences réunies excédent quelquefois les dimensions de la tige. Dans la crainte d'être taxé d'exagération plus loin, lors de l'évaluation des produits, nous avons choisi des dimensions assez faibles ainsi qu'un peuplement très-clair.

Cette moyenne de peuplement ne peut servir de base à l'aménagement, et, pour réunir toutes les hypothèses, nous allons placer les coupes n°s 1, 2 et 3 (1) dans les séries n°s 1, 2 et 3; les coupes n°s 4 et 5 seront assises dans les séries n°s 3 et 4; et enfin dans les séries n°s 4, 5 et 6 nous placerons les coupes n°s 6, 7, 8 et 9, en admettant, tout d'abord, la possibilité d'imposer à toute la forêt le même peuplement, que l'on peut fixer à 250 arbres par hectare, au minimum.

D'après ces données, il faudra renouveler et compléter le peuplement des coupes n°s 1, 2 et 3; renouveler seulement celui des coupes n°s 4 et 5, et régulariser celui des coupes n°s 6, 7, 8 et 9.

Le matériel normal de la forêt sera donc de deux cent cinquante mille arbres : la moyenne des arbres étant de $0^{m},85$ de tour et $2^{m},50$ de hauteur, on obtient pour surface exploitable $2^{m.c.},125$ qui, multipliés par $0^{m},023$, épaisseur supposée du liége, donnent un volume de $0^{m.cub.},048$. Ce cube, multiplié par 0,22, coefficient du poids spécifique du liége adopté pour cette forêt, donne en liége *sec* le poids en kilogrammes du produit de chaque arbre, soit $10^{k},56$. Ce produit, multiplié par 250, nombre des arbres par hectare, donne le rendement d'un hectare, soit 2,640 kilogrammes, ou $26^{q.m.},40$, et pour toute la forêt 26,400 quintaux métriques.

Ce produit, divisé par 9, donne le poids de liége par coupe, soit 2,933 quintaux métriques.

Mais, avant d'être livré au commerce, le liége doit être raclé et bouilli, ce qui lui enlève 20 pour 100 de son poids. Il est donc nécessaire de faire cette déduction pour avoir la valeur en argent.

Soit donc, sur la production totale, à retrancher 5,280 quintaux métriques, il reste pour la forêt 21,120 quintaux métriques, et pour chaque coupe $2,346^{q.m.},60$.

---

(1) Voir le tableau de la marche des coupes.

Si l'on adopte pour prix moyen du liége le chiffre de 40 fr. le quintal métrique (1), la valeur de la production de la forêt s'élève à la somme de 844,800 francs, et celle de chaque coupe à 93,864 francs, dont il faut déduire les frais d'exploitation, l'intérêt de l'argent employé aux travaux d'aménagement, et enfin, pour les forêts concédées, la redevance à payer à l'État.

Fixation du produit et de la valeur des coupes. — La révolution de la forêt étant fixée à neuf ans, la contenance des coupes sera de $111^{h},11^{a}$ (2), comprenant 27,777 arbres.

Chaque coupe, ainsi qu'on vient de le voir, produira 2,933 quintaux métriques de liége sec et $2,346^{q.m.}$,60 de liége raclé et bouilli, d'une valeur de 93,864 francs. Mais ces coupes ne s'exploitent pas en une seule année; elles sont divisées en trois exploitations venant en tour à intervalles égaux, de telle sorte que chaque coupe ne produira, en réalité, que $977^{q.m.}$,77 de liége sec, et $782^{q.m.}$,20 de liége préparé, d'une valeur de 31,288 francs. Toutefois, comme, d'après l'aménagement, il y aura trois coupes en tour chaque année, on retrouvera les chiffres indiqués.

En résumé, les produits par hectare s'élèvent *annuellement*, savoir :

En liége sec, à....................	$2^{q.m.}$,93
En liége raclé et bouilli, à........	$2^{q.m.}$,346
Et en argent, à....................	93^{f} 865

Ce qui, à 3 pour 100, représente un capital de 3,128 fr. par hectare.

---

(1) Ce prix a été présenté, par les concessionnaires de la forêt de l'Edough, comme prix moyen du liége dans l'avenir, quoique le liége ordinaire se vende, dans le Var, de 55 à 60 fr. le quintal métrique (100 kil.).

(2) Si la forêt avait un peuplement inégal, la contenance des coupes se déterminerait d'après le nombre des arbres, afin d'avoir toujours le même produit. Ce cas ne se présentera que pour des cantons isolés. Si on avait, par exemple, 200 arbres à l'hectare, la coupe devrait avoir 138^{h},88^{a}, et elle aurait seulement 69^{h},44^{a}, si on avait un peuplement de 400 arbres.

TABLEAU INDIQUANT LA MARCHE ET LE PRODUIT DES COUPES D'UNE FORÊT DE CHÊNES-LIÈGE DE 1,000 HECTARES.

[illegible]

TABLEAU INDIC

ANNÉES DES COUPES.	COUPE N° 1. Coupes.	Arbres morts ou dépérissants.	Démasclage.	Levées du liége.	Produit en liége sec, q. m.	COUPE N° 2. Coupes.	Arbres morts ou dépérissants.	Démasclage.	Levées du liége.	Produit en liége sec, q. m.	COUPE N° 3. Coupes.	Arbres morts ou dépérissants.	Démasclage.	Levées du liége.
1	a	»	13888	»	»									
2		»	»	»	»	a	»	13888	»	»				
3		»	»	»	»		»	»	»	»	a	»	13888	»
4	b	400	13488	»	»		»	»	»	»		»	»	»
5		»	»	»	»	b	400	13488	»	»		»	»	»
6		»	»	»	»		»	»	»	»	b	400	13488	»
7	c	400	13088	»	»		»	»	»	»		»	»	»
8		»	»	»	»	c	400	13088	»	»		»	»	»
9		»	»	»	»		»	»	»	»	c	400	13088	»
10	A	400	3000	12688	446.61		»	»	»	»		»	»	»
11		»	»	»	»	A	400	3000	12688	446.61		»	»	»
12		»	»	»	»		»	»	»	»	A	400	3000	12688
13	B	»	3000	12688	446.61		»	»	»	»		»	»	»
14		»	»	»	»	B	»	3000	12688	446.61		»	»	»
15		»	»	»	»		»	»	»	»	B	»	3000	12688
16	C	»	3000	12688	446.61		»	»	»	»		»	»	»
17		»	»	»	»	C	»	3000	12688	446.61		»	»	»
18		»	»	»	»		»	»	»	»	C	»	3000	12688
19	A	100	4000	15588	548.69		»	»	»	»		»	»	»
20		»	»	»	»	A	100	4000	15588	548.69		»	»	»
21		»	»	»	»		»	»	»	»	A	100	4000	15588
22	B	100	4000	15488	545.17		»	»	»	»		»	»	»
23		»	»	»	»	B	100	4000	15488	545.17		»	»	»
24		»	»	»	»		»	»	»	»	B	100	4000	15488
25	C	100	4000	15388	541.65		»	»	»	»		»	»	»
26		»	»	»	»	C	100	4000	15388	541.65		»	»	»
27		»	»	»	»		»	»	»	»	C	100	4000	15388
28	A	200	6000	19188	675.41		»	»	»	»		»	»	»
29		»	»	»	»	A	200	6000	19188	675.41		»	»	»
30		»	»	»	»		»	»	»	»	A	200	6000	19188
31	B	200	6000	18988	668.37		»	»	»	»		»	»	»
32		»	»	»	»	B	200	6000	18988	668.37		»	»	»
33		»	»	»	»		»	»	»	»	B	200	6000	18988
34	C	200	6000	18788	661.33		»	»	»	»		»	»	»
35		»	»	»	»	C	200	6000	18788	661.33		»	»	»
36		»	»	»	»		»	»	»	»	C	200	6000	18788
37	A	300	5000	24488	861.97		»	»	»	»		»	»	»
38		»	»	»	»	A	300	5000	24488	861.97		»	»	»
39		»	»	»	»		»	»	»	»	A	300	5000	24488
40	B	300	5000	24188	851.41		»	»	»	»		»	»	»
41		»	»	»	»	B	300	5000	24188	851.41		»	»	»
42		»	»	»	»		»	»	»	»	B	300	5000	24188
43	C	300	5000	23888	840.85		»	»	»	»		»	»	»
44		»	»	»	»	C	300	5000	23888	840.85		»	»	»
45		»	»	»	»		»	»	»	»	C	300	5000	23888
46	A	556	1665	28332	997.28		»	»	»	»		»	»	»
47		»	»	»	»	A	556	1665	28332	997.28		»	»	»
48		»	»	»	»		»	»	»	»	A	555	1665	28332
49	B	555	1665	27777	977.74		»	»	»	»		»	»	»
50		»	»	»	»	B	555	1665	27777	977.74		»	»	»
51		»	»	»	»		»	»	»	»	B	555	1665	27777
52	C	555	1665	27222	958.21		»	»	»	»		»	»	»

Marche des coupes. — Il reste à déterminer la marche des coupes ainsi que le nombre d'arbres à démascler et à exploiter chaque année ; pour arriver à ce résultat, nous allons suivre les modifications d'une coupe dans chaque série de peuplement (1).

Les coupes nos 1, 2 et 3 sont assises dans les cantons ayant de 50 à 200 arbres par hectare ; ce peuplement, tout à fait insuffisant, doit d'abord être complété. Si l'on admet qu'il manque une moyenne de 125 arbres par hectare dans chaque coupe, il faudra établir une période de quinze à trente ans pour compléter ce peuplement avec les jeunes plants existants ou à venir. Cette période pourra cependant être prolongée en cas de non-réussite des semis naturels.

Il reste à démascler 125 arbres par hectare dans ces coupes, ce qui donne 13,888 pour chacune ; la mortalité, après le démasclage, peut être évaluée à 400 arbres, ce qui fait 1,200 arbres à déduire pour les trois opérations : reste 12,688. Dans une période de quarante ans, qui nous paraît ici nécessaire, le peuplement devra donc être augmenté de 13,089 arbres par coupe. Cette augmentation devant se répartir par coupes de neuf ans (à cause des trois démasclages que chaque brin doit subir dans cette période), à chaque coupe A il faudra donc démascler 4,000 arbres, si le peuplement le permet.

On doit remarquer cependant que, comme au fur et à mesure de l'exploitation les jeunes sujets deviendront plus abondants, on pourrait augmenter ce chiffre plus tard, si l'insuffisance du peuplement l'avait fait réduire en commençant. Cette précaution sera même nécessaire dans les trois premières coupes, à cause des arbres vieux et dépérissants qui seront abattus.

Dans la coupe no 1, on opère, la première année, le démasclage *a* sur 13,888 arbres. La quatrième année, on exploite 400 morts des suites de cette opération, et on fait le

(1) Voir le tableau de la marche des coupes.

démasclage *b* sur les 15,488 Chênes-liége restants. La septième année, on enlève encore 400 arbres morts, et on fait le démasclage *c* sur les arbres restants, dont le nombre est réduit à 13,088. On abattra encore 400 arbres la dixième année, en faisant la levée de liége A sur les 12,688 sujets restants ; à la même époque, on pratiquera le démasclage *a* sur 3,000 sujets vigoureux qui, pendant les dix années précédentes, ont pu acquérir des dimensions convenables.

Comme on peut admettre que les arbres jeunes n'ont pas à craindre de mortalité après le démasclage, la treizième et la seizième année on ne coupera aucun arbre, et on fera les levées de liége B et C sur les 12,688 pieds en production, en même temps qu'on fera le démasclage *b* et *c* sur les 3,000 brins déjà écorcés la dixième année (1).

A la dix-neuvième année, l'exploitation de 100 arbres pris parmi les plus vieux réduit à 12,588 le peuplement primitif ; mais cette différence se trouve largement compensée par les 3,000 sujets démasclés la dixième année, qui arrivent en tour de production, ce qui permet de faire la levée de liége A sur 15,588 pieds ; en même temps on opère le démasclage *a* sur 4,000 brins ayant au moins de douze à dix-neuf ans.

A partir de cette époque, on continue ainsi les levées de liége, les démasclages et les coupes d'arbres, en progressant au fur et à mesure jusqu'à la quarante-sixième année. A ce moment, le matériel de la coupe, augmenté successivement de 3,000, 4,000, 6,000 et 5,000 sujets, devrait être de 30,688 ; mais le nombre d'arbres exploités, qui est de

(1) Si, au moment de ces deux coupes, on pensait pouvoir démascler des brins laissés de côté aux exploitations précédentes, on pourrait, ainsi qu'il a été dit, p. 36 (*Exploitation des coupes*), faire les démasclages *b* ou *c* avant le démasclage *a*. Ce dernier viendrait alors à son tour avec la coupe A, et on bénéficierait de six à neuf ans de production de liége sur les coupes B et C. Nous avons voulu montrer ici l'application de ce qui a été dit plus haut.

2,356, réduit ce peuplement à 28,332 pieds, qui forment la base du peuplement normal.

Quant au martelage à faire pour maintenir la coupe dans cet état, voici sur quelles bases on doit l'établir. L'âge d'exploitation étant fixé à cent cinquante ans, le peuplement de la coupe doit être renouvelé dans cette période; pour cela il faut enlever 185 arbres par an, soit par coupe triennale 555, et pour neuf ans 1,665. Mais, afin qu'à chaque exploitation il se retrouve 1,665 arbres en produit, destinés à remplacer ceux qui seront abattus, on doit en démascler ce même nombre dès la première année, pour qu'ils subissent en temps utile les trois démasclages.

Ainsi donc, la quarante-sixième année, on coupera 556 arbres et on en démasclera 1,665; la quarante-neuvième année, on enlèvera encore 555 arbres, et on fera le démasclage *b* sur les 1,665 sujets déjà démasclés; enfin, la cinquante-deuxième année, on enlèvera le même nombre d'arbres en pratiquant le démasclage *c* sur les arbres déjà démasclés deux fois, et ainsi de suite.

On voit, comme nous l'avons déjà dit, que, pour entretenir le peuplement, il faut démascler le triple du nombre des arbres abattus, parce que chaque sujet subit trois démasclages (1).

Les coupes n°s 4 et 5 étant assises dans les séries de 200 à 300 arbres par hectare, et ce peuplement se rapprochant de celui qu'elles doivent avoir, il suffira de démascler un dixième en plus environ pour compenser la mortalité éventuelle, et ensuite, à la neuvième année, on établira le martelage et le démasclage ordinaires, ainsi que nous venons de l'indiquer.

Les coupes n°s 6, 7, 8 et 9 sont assises dans les cantons

---

(1) Cette observation est très-importante, afin de ne pas confondre, dans le tableau de la marche des coupes, le nombre des démasclages avec celui des arbres démasclés, et le nombre des levées de liége avec celui des arbres écorcés. Ce dernier est toujours le tiers du précédent.

ayant de 300 à 500 arbres par hectare ; on devra donc diminuer ce peuplement de 50 à 250 arbres, en conservant les sujets les plus jeunes ainsi que les brins nécessaires au démasclage ordinaire. Toutefois, pour faire face aux éventualités d'une trop grande mortalité, ou pour attendre une bonne année de semence, on répartira le nombre d'arbres à enlever sur une période de quinze années : il y a environ 110,000 arbres à exploiter dans ces quatre coupes, soit 247 arbres par hectare et 5,488 par coupe triennale, plus ceux à abattre par suite du martelage ordinaire pour régénérer le peuplement. Malgré cet excédant, on a démasclé un dixième en sus pour la mortalité éventuelle.

Ces quatre coupes rentreront dans leur état normal, de la dix-huitième à la vingt et unième année de l'aménagement.

Les concessionnaires de forêts de Chênes-liége en Algérie considèrent, comme une charge très-onéreuse, l'obligation d'exploiter les arbres morts ou dépérissants, sous le prétexte que les produits ne payent pas les frais d'exploitation. Quelques localités, dans des positions exceptionnelles, peuvent justifier en partie cette assertion ; cependant une bonne exploitation ne doit négliger aucun produit, et l'on pourrait convertir ces arbres en charbon dont l'exportation est très-facile (1).

D'après le règlement d'exploitation des arbres morts ou dépérissants, il devra être abattu 120,000 arbres dans une période de vingt ans, ce qui fait 6,000 arbres par an. En supposant que ces coupes ne produisent que 3,000 stères de charbon avec un bénéfice de 25 centimes par stère, on obtient un revenu de 750 fr. par an, soit 15,000 fr. pour vingt ans.

Comme nous ne pouvons pas admettre que ce produit

(1) En prévision des lignes de chemin de fer autorisées pour l'Algérie, on pourrait façonner ces bois en traverses, dont on trouverait facilement un débit avantageux, ou bien les incinérer sur places et lessiver les cendres pour la fabrication de la potasse.

soit négatif, nous ne le ferons figurer ni dans l'évaluation des dépenses ni dans les bénéfices, attendu que, suivant les localités et les facilités de transport, on pourra calculer séparément la valeur de ces bois et l'ajouter aux chiffres que nous présentons.

Frais d'aménagement. — Les frais d'aménagement se subdivisent en frais généraux pour toute la forêt, et en frais particuliers par hectare et par coupe.

Dans la première catégorie sont compris : 1° les frais d'arpentage et de lever du plan de la forêt; 2° les frais de travaux préparatoires, comptages, etc., qui incombent à l'administration forestière, et dont il ne sera pas tenu compte; 3° les frais d'ouverture et de défrichement des lignes de coupe, à la charge des concessionnaires; 4° les frais de construction de maisons et ateliers dont l'État rembourse la valeur à la fin de l'exploitation, mais qui figureront ici pour remplacer des constructions temporaires ou d'autres dépenses.

A. *Frais généraux pour toute la forêt :*

1° Ouverture et défrichement des lignes d'aménagement, plantations de bornes ou poteaux, à 200 fr. par coupe.............. 1,800 fr.

2° Construction de maisons ou ateliers pour 1,000 hectares. 20,000

B. *Frais particuliers par hectare :*

1° Débroussaillement par extraction de souches (1)................	40 fr.	» c.	111 fr. 50 c., soit pour la forêt 111,500
2° Ouverture de chemins et sentiers, 30 mètres par hectare, à 30 cent. le mètre courant...	9	»	
3° Démasclage à 25 cent. (2) par arbre, pour 250 arbres...	62	50	
4° Coupe des arbres morts non compris dans le peuplement, soit par coupe 12.388 fr. 88 c., qui ne figurent ici que pour mémoire..............	»	»	

Total.................. 133,300 fr.

---

(1) 1 hectare donne environ 60 ou 65 stères de souches, et un ouvrier payé 3 fr. par jour en extrait 2 stères dans sa journée, soit à 1 fr. 50 c.

le stère....................................	97 fr. 50 c.		347 fr. 50 c.
65 stères de souches donnent 50 quintaux de charbon à 2 fr. le quintal pour fabrication....................................	100	»	
Frais de transport à 15 kilomètres, en moyenne à 3 fr. le quintal..............	150	»	
Le quintal de charbon se vend en moyenne 7 fr., soit pour 50 quintaux....................................			350 »

Reste 2 fr. 50 c. de bénéfice par hectare. Dans les cantons peuplés de cinq cents arbres par hectare, les débroussaillements seront moindres. Nous avons cependant porté 40 fr. par hectare pour tenir compte des différences qui pourraient survenir sur le prix des journées ou du charbon et autres frais imprévus. Dans le Var, le produit du débroussaillement paye généralement les frais.

(2) Nous portons 25 centimes par démasclage d'arbre pour les trois opérations, ce qui fait 0f,083 pour chacune d'elles. A ce prix, un ouvrier qui démascle très-facilement quarante arbres (des ouvriers habiles en démasclent jusqu'à soixante) par jour gagne 3 francs 32 cent. Le chiffre de 62 fr. 50 c. ne sera pas atteint dans l'aménagement ; ces frais s'élèveront seulement à la somme de 53,975 fr. 10 c. au lieu de 62,500 fr., à cause des arbres démasclés en moins dans les coupes nos 1, 2 et 3, et du dixième démasclé en plus dans les coupes nos 4, 5, 6, 7, 8 et 9. Il faut cependant ajouter que cette différence se répartit, pour les trois premières coupes, dans les différentes années jusqu'à la quarante-sixième, époque à laquelle l'aménagement prend son cours régulier.

Parmi ces frais généraux, les premiers sont dépensés au début de l'exploitation ; les autres, tels que frais de débroussaillement, ouvertures de sentiers et démasclages, sont répartis sur toute la période de quinze ans, nécessaire pour l'établissement complet de l'aménagement.

On doit cependant remarquer que les frais de débroussaillement sont doubles la première année, parce que ces travaux doivent devancer d'un an le démasclage des coupes ; on pourrait agir de même pour l'établissement des sentiers.

Résumé des frais d'aménagement par nature de dépense :

1° Ouverture des lignes et bornes (neuf coupes)......	1,800 fr.
2° Construction de maisons et ateliers..............	20,000
3° Débroussaillement (1,000 hectares)...............	40,000
4° Ouverture de sentiers et chemins (30 kilom.).......	9,000
5° Démasclages (250,000 arbres).....................	62,500
6° Coupe d'arbres morts ou dépérissants (120,000) (1).	»
TOTAL......	133,300 fr.

Cette somme doit être employée en quinze années, ce qui, avec les intérêts des dépenses annuelles accumulées et capitalisées à 10 pour 100, jusqu'à la douzième année, fait un capital de 209,985 fr. 76 c. ; à partir de cette époque, les bénéfices des coupes payent les intérêts et amortissent, chaque année, le capital, qui, jusqu'au remboursement intégral, s'élève à une somme de 361,171 fr. 65 c.

Frais d'exploitation. — Les frais d'exploitation correspondent aux frais d'aménagement, quoique étant plus variés ; nous allons, suivant leur nature, les établir par hectare, pieds d'arbres ou quintaux de liége, en les divisant cependant en frais d'entretien et d'exploitation.

(1) Voir ce qui a été dit à ce sujet, pages 45 et 46.

Tableau des frais d'exploitation.

		PAR HECTARE.		PAR COUPE.	TOTAL POUR les trois coupes.
A. Frais d'entretien.					
1° Entretien de débroussaillement, 6 fr. par hectare pour neuf ans ; soit par coupe triennale..	fr. 2 »	fr. 2 »	h. a. 111,11	fr. 222,22	fr. 666,66
2° Entretien des sentiers, 30 mètres par hectare à 6 centimes le mètre courant pour neuf ans, 1 fr. 80 c. ; soit par coupe triennale..........	0,60	0,60	3,333m.c.,33c.	66,66	199,98
3° Démasclage des arbres arrivés en tour, 185 arbres par coupe ; soit 4 arbres 993 par hectare et par coupe triennale à 25 cent..................	1,2472	1,2472	185 arbres.	138,693	416,08
B. Frais d'exploitation.					
4° Levée du liége, 250 arbres par hect., à 0 f. 083.	20,75	20,75	27,777 id.	2,305,49	6,916,47
C. Frais de préparation du liége pour 100 kilogrammes.					
Liége sec (8 q. m. 80 par hectare). 5° Transport du liége à l'atelier, 15 kilomètres en moyenne à 1 fr. 50..... fr. 3,50 : 13,20 ; 6° Raclage et bouillage à 2 fr..................... : 17,60	fr. 30,80	30,80	977q.m.,74	3,422,113	10,266,34
Liége raclé et bouilli (7 q.m. 04 par hectare). 7° Mise en balle, cordes, pesage du liége avec déduction de 20 pour 100, à 1 fr..................... 2 » : 7,04 ; 8° Magasinage et frais généraux, 1 fr............ : 7,04	14,08	14,08	782q.m.,20	1,564,40	4,693,20
TOTAL....		69,1772		7,719,576	23,158,73

TABLEAU DES FRAIS D'AMÉNAGEMENT, D'EXPLOITATION ET DU REVENU D'UNE FORÊT DE CHÊNES-LIÉGE DE 1,000 HECTARES.

ANNÉES D'EXPLOITATION	NUMÉROS DES COUPES	FRAIS D'AMÉNAGEMENT	TOTAL	FRAIS D'EXPLOITATION	TOTAL	REVENU	REVENU NET
[illegible]	[illegible]	[illegible]	[illegible]	[illegible]	[illegible]	[illegible]	[illegible]
		192,735 fr. 10 cent.					

Ce tableau doit être mis en regard de la page [illegible].

TABLEAU DES FRAIS D'AMÉNAG

ANNÉES D'EXPLOITATION des coupes.	NUMÉROS DES COUPES.									FRAIS D'AMÉNAGEMENT.					
	1	2	3	4	5	6	7	8	9	Ouverture des lignes d'aménagement.	Construction de maisons et ateliers.	Débroussaillements.	Chemins.	Coupe des arbres morts (pour mémoire).	Démasclage.
										fr.	fr.	fr. c.	fr.		fr.
1	a d	d								1,800	20,000	8.888 90	1.000	»	1.150
2		a	d							»	»	4.444 45	1.000	»	1.150
3			a	d						»	»	4.444 45	1.000	»	1.150
4	b			a	d					»	»	4.444 45	1.000	»	3.408
5		b			a	d				»	»	4.444 44	1.000	»	3.408
6			b			a	d			»	»	4.444 44	1.000	»	3.408
7	c			b			a	d		»	»	4.444 44	1.000	»	6.105
8		c			b			a	d	»	»	4.444 44	1.000	»	6.105
9			c			b			a	»	»	»	1.000	»	6.105
10	A			c			b			»	»	»	»	»	4.865
11		A			c			b		»	»	»	»	»	4.865
12			A			c			b	»	»	»	»	»	4.865
13	B			A			c			»	»	»	»	»	2.395
14		B			A			c		»	»	»	»	»	2.395
15			B			A			c	»	»	»	»	»	2.395
16	C			B			A			»	»	»	»	»	»
17		C			B			A		»	»	»	»	»	»
18			C			B			A	»	»	»	»	»	»
19	A			C			B			»	»	»	»	»	»
20		A			C			B		»	»	»	»	»	»
21			A			C			B	»	»	»	»	»	»
22	B			A			C			»	»	»	»	»	»
23		B			A			C		»	»	»	»	»	»
24			B			A			C	»	»	»	»	»	»
25	C			B			A			»	»	»	»	»	»
26		C			B			A		»	»	»	»	»	»
27			C			B			A	»	»	»	»	»	»
28	A			C			B			»	»	»	»	»	»
29		A			C			B		»	»	»	»	»	»
30			A			C			B	»	»	»	»	»	»
31	B			A			C			»	»	»	»	»	»
32		B			A			C		»	»	»	»	»	»
33			B			A			C	»	»	»	»	»	»
34	C			B			A			»	»	»	»	»	»
35		C			B			A		»	»	»	»	»	»
36			C			B			A	»	»	»	»	»	»
37	A			C			B			»	»	»	»	»	»
38		A			C			B		»	»	»	»	»	»
39			A			C			B	»	»	»	»	»	»
40	B			A			C			»	»	»	»	»	»
41		B			A			C		»	»	»	»	»	»
42			B			A			C	»	»	»	»	»	»
43	C			B			A			»	»	»	»	»	»
44		C			B			A		»	»	»	»	»	»
45			C			B			A	»	»	»	»	»	»
46	A			C			B			»	»	»	»	»	»
47		A			C			B		»	»	»	»	»	»
48			A			C			B	»	»	»	»	»	»
49	B			A			C			»	»	»	»	»	»
50		B			A			C		»	»	»	»	»	»
51			B			A			C	»	»	»	»	»	»
52	C			B			A			»	»	»	»	»	»
										1.800	20.000	40.000 »	9.000	»	53.875
										124.775 fr. 10 cent.					

De l'aménagement et de l'exploitation des coupes. — Pour compléter cet aperçu, il nous reste à donner quelques explications sur la répartition annuelle des frais d'aménagement et d'exploitation.

La première année, le débroussaillement s'opère sur deux coupes (1), le démasclage et l'établissement des sentiers sur une seule; ce qui, avec les frais de construction de maisons ou ateliers et d'ouverture de ligne, élève le chiffre de la dépense à 32,845 fr. 77 c.; la deuxième et la troisième année, ce chiffre, pour une seule coupe, descend à 6,601 fr. 32 c.

Pendant les quatrième, cinquième et sixième années, les travaux s'étendent sur deux coupes, et les dépenses s'élèvent annuellement à la somme de 8,913 fr. 14 c.; la septième et la huitième année, pour les trois coupes les frais montent à 11,549 fr. 99 c. La neuvième année, ces frais se réduisent au chiffre de 7,105 fr. 55 c., parce qu'il n'y a pas de débroussaillement effectué.

A cette époque, les frais d'aménagement avec les intérêts capitalisés au taux de 10 pour 100 (2) s'élèvent à la somme de 168,020 fr. 35 c. A la dixième année, les frais d'aménagement absorbent une somme de 4,865 fr. 38 c., mais en même temps la coupe A, n° 1, donne un produit de 357q.m. de liége préparé, d'une valeur de 14,291 fr. 60 c.; les frais d'exploitation de cette coupe sont de 3,873 fr. 40 c., reste 10,418 fr. 20 c., dont il faut déduire la redevance à l'Etat, fixée, à 10 pour 100 de la valeur du liége, pour la première révolution; soit 1,429 f. 16 c. : reste net 8,989 fr. 04 c., qui sont employés à payer une partie de l'intérêt des

---

(1) Dans le tableau des frais d'aménagement, la lettre *d*, placée à côté des lettres de coupes, indique les débroussaillements effectués. (Voir *Tableau des frais d'aménagement.*)

(2) Nous avons porté le taux de l'intérêt à 10 pour 100, parce que c'est celui adopté en Algérie dans le commerce ; en outre, il sert à mieux faire ressortir les avantages de cette exploitation.

4

168,020 fr. 55 c., de telle sorte qu'il n'y a plus que 7,812 fr. 99 c. qui se capitalisent.

Par les mêmes causes, la onzième et la douzième année, le capital ne s'augmente que de 9,080 fr. 85 c. et 10,475 fr. 45 c. provenant des intérêts. Les frais d'aménagement, pendant ces deux années, ont été de 4,865 fr. 58 c.

La treizième année, la coupe B n° 1 et A n° 4 donnent 1,155$^{q.m.}$,12 de liége préparé, d'une valeur de 46,204 fr. 80 c.; à déduire pour frais d'exploitation 11,754 fr. 87 c., et pour la redevance à l'État 4,620 f. 48 c.: reste 29,849 fr. 45 c.; sur cette somme, on prélève 20,998 fr. 57 c. pour le payement des intérêts, et il reste 8,850 fr. 88 c. pour l'amortissement du capital.

Pendant la quatorzième et la quinzième année, la production est restée la même, et on a employé successivement 9,256 fr. 95 c. et 9,945 fr. 11 c. à l'amortissement du capital.

Les frais d'aménagement pendant ces trois dernières années ont été de 2,595 fr. 20 c.

La seizième année, l'aménagement est terminé. Les coupes C n° 1, B n° 4 et A n° 7 donnent 1,937$^{q.m.}$,29 de liége préparé, d'une valeur de 77,491 fr. 60 c.; à déduire pour frais d'exploitation 19,455 fr. 94 c., pour la redevance à l'État 7,749 fr. 16 c.; il reste 50,288 fr. 50 c., dont 18,912 fr. 05 c. servent au payement des intérêts, et 31,376 fr. 47 c. au remboursement du capital.

On emploie à ce même usage les sommes de 34,514 fr. 42 c. et 37,965 fr. 55 c., pendant la dix-septième et la dix-huitième année.

La dix-neuvième année, la production du liége, pour les trois coupes, est de 1,987$^{q.m.}$,62, et en argent 79,504 fr. 80 c. Les frais d'exploitation sont de 20,007 fr. 01 c.; la redevance à l'État (15 pour 100 pour la seconde révolution) est de 11,925 fr. 72 c.; il reste donc 47,572 fr. 07 c., dont 8,526 fr. 42 c. pour les intérêts et 39,045 fr. 65 c. pour le capital.

Enfin, à la vingtième année, sur le produit net des coupes qui est de 47,372 fr. 07 c., il reste, intérêts payés et capital entièrement remboursé, une somme de 1,355 fr. 48 c. de bénéfice pour le concessionnaire.

Les coupes continuent à augmenter ensuite progressivement de valeur, mais la redevance de l'État est portée à 20 pour 100 pour la troisième révolution qui commence la vingt-huitième année, ce qui laisse cependant encore 45,739 fr. 41 c. de bénéfice net; et à 30 pour 100 à la quatrième révolution (trente-septième année), ce qui réduit le bénéfice à 40,268 fr. 49 c.

L'aménagement ayant son cours régulier, à la quarante-sixième année, les coupes produiront, en liége *sec*, 2,933q. m.,24; en liége *raclé* et *bouilli*, 2,346q. m.,60, d'une valeur de 93,864 fr., desquels il faut déduire, pour frais d'exploitation, 23,158 fr. 73 c.; reste 70,705 fr. 27 c. Si, pour les concessionnaires de l'Algérie, on retranche la redevance de 30 pour 100 à l'État, soit 28,159 fr. 20 c., il reste net 42,546 fr. 07 c. de bénéfice.

Comme on le voit, une entreprise d'exploitation de forêt de Chênes-liége nécessite, pour 1,000 hectares, une avance de fonds de 133,000 fr. environ pour vingt ans, pendant lesquels on perçoit les intérêts de cette somme à 10 pour 100 jusqu'au remboursement intégral du capital avancé, et, après cette période, on s'est créé un revenu net de 40,000 fr.

C'est, en d'autres termes, un placement à 10 pour 100 pendant vingt ans, avec remboursement et revenu de 30 pour 100 ensuite (1).

Sur ces 40,000 fr. de bénéfice, il y aurait peut-être d'autres frais à déduire, mais ils regardent spécialement la

---

(1) Quelques concessionnaires en Algérie, se plaignant de l'avance de fonds que nécessitent ces exploitations, se basent sur cette considération pour compromettre l'avenir des forêts par des économies mal calculées. Les uns n'exécutent pas les débroussaillements imposés et, par suite, exposent les forêts aux incendies, ainsi que cela s'est produit dans la

vente et ne peuvent trouver place ici. Nous devons ajouter cependant que le prix du liége à 40 fr. le quintal est le minimum, qu'il est calculé pour ce produit rendu à Marseille, et que la moindre augmentation de prix couvrira largement les frais de vente, courtage, etc.

IV. — CONVERSION D'UN AMÉNAGEMENT ORDINAIRE EN UN AMÉNAGEMENT RÉGULIER.

Conversion de l'aménagement des forêts concédées de l'Algérie en aménagement régulier. — Les forêts de Chênes-liége qui ont été concédées en Algérie sont divisées en huit coupes d'égale contenance à exploiter chaque année.

Pour appliquer à ces forêts le mode d'exploitation indiqué, il faut d'abord faire toutes les opérations préparatoires de comptage, pour déterminer le peuplement, la possibilité et la valeur des coupes. On fixera ensuite l'assiette de

---

coupe n° 1 du 1er lot de la concession Montebello à la Calle, où une partie de la coupe non débroussaillée a été incendiée par la faute des ouvriers charbonniers.

D'autre part, les Chênes-liége sont démasclés trop haut dans le but d'obtenir de plus fortes récoltes ; ce mode d'exploitation a occasionné la mort de la presque totalité des arbres ainsi démasclés dans certains cantons des coupes. Dans la concession Montebello, sur 69,000 arbres démasclés dans la coupe n° 1 du 1er lot, il en est mort 29,000 des suites de cette opération ; dans la coupe n° 2 du même lot, le démasclage, mal pratiqué sur 86,000 arbres, en a fait périr 20,000.

En même temps on n'exploite pas les arbres morts ou dépérissants, ce qui prive le trésor de la redevance imposée sur ce produit, et occasionne un dommage considérable aux forêts qui ne se renouvellent pas. Les résultats de ce mode d'exploitation, que le service forestier est quelquefois impuissant à réprimer, seront de faire rendre aux forêts le plus grand revenu possible au détriment de leur avenir, parce que, à l'expiration du terme fixé pour les concessions, les peuplements trop vieux pour continuer la production, seront à refaire complétement.

Et cependant, tout en se plaignant et en assurant que les forêts ne donneront jamais le revenu espéré, presque tous les concessionnaires demandent à ce que leurs concessions soient agrandies et que la durée en soit portée à quatre-vingt-dix ans.

la neuvième coupe, en dénaturant le moins possible l'aménagement existant.

Si la concession est dans la troisième ou la quatrième année de son exploitation, on pourra appliquer immédiatement le nouvel aménagement en faisant sur la coupe n° 1 le démasclage *b* et en continuant. Si on est à la cinquième année de l'exploitation, on pourra faire le démasclage *b* sur la coupe n° 2, et à son tour le démasclage *c* sur la coupe n° 1, dont le démasclage *b* serait alors renvoyé à l'autre révolution, et continuer ainsi.

Si on est à la sixième coupe, on fera les démasclages *b* et *c* sur les coupes à venir, et ainsi de suite.

Pour la septième ou huitième coupe, on pourrait faire le démasclage *c* sur les n°s 1, 2 et 3, le démasclage *b* sur les n°s 4, 5 et 6, en reprenant ensuite les autres coupes à venir. Cependant, pour la dernière année, il serait préférable de suspendre l'exploitation, afin de bien appliquer le nouvel aménagement.

En règle générale, quelle que soit l'époque où l'on veuille appliquer le nouveau mode d'exploitation, on fera les démasclages correspondants à l'année, sur les coupes en tour, et on continuera en laissant pour une autre révolution les coupes des années antérieures.

L'application de cet aménagement aux concessions de Chênes-liége déjà en exploitation n'est donc ni onéreuse ni difficile, puisque après la fixation de la neuvième coupe on peut le commencer, sans inconvénient, par la coupe en tour et continuer en suivant.

Quant au martelage des arbres morts ou dépérissants, il faut l'établir pour maintenir et régénérer le peuplement, mais il doit être subordonné aux besoins du moment et à la conservation de la forêt dans un état prospère. On l'établira, d'ailleurs, d'après l'âge d'exploitation et le peuplement des coupes, en suivant les principes énoncés plus haut.

Conversion du jardinage des forêts de France en aménagement régulier. — Les forêts de Chênes-liége étant, en

France, complétement soumises au jardinage, on procédera, pour les travaux préparatoires, comme dans les forêts qui n'ont jamais été exploitées. Il sera cependant nécessaire, pour ne pas diminuer le rendement de la forêt, d'établir une révolution transitoire dont le but sera de compléter et régénérer le peuplement, et de régulariser la levée du liége par cantons d'âges différents, sur lesquels les coupes seront définitivement assises, en faisant, autant que possible, correspondre et suivre les âges d'exploitation.

En résumé, comme il n'est pas possible de prévoir tous les cas, on devra, soit par une modification des coupes, soit par une ou plusieurs révolutions transitoires qui augmenteraient le temps ordinaire de la production du liége, arriver à fixer des coupes régulières en diminuant le moins possible le rendement de la forêt.

La croissance du liége étant plus lente en France qu'en Algérie, on en fixera sa révolution à douze ans (1), ce qui obligera d'établir douze coupes, que l'on exploitera par périodes de quatre années, et pour lesquelles on suivra la marche indiquée, tant pour le démasclage que pour la levée du liége et l'exploitation des arbres morts et dépérissants.

(1) Dans des forêts très-favorablement situées, il pourrait être avantageux, principalement aux particuliers, de fixer la révolution de l'écorce à dix ans et de partager les forêts en dix coupes, parce qu'on bénéficierait de deux années de production de liége, qui, avec les intérêts, compenserait la faible croissance de l'écorce pendant la onzième et la douzième année. On ne ferait alors que deux démasclages, et les coupes viendraient en tour tous les cinq ans. Mais cette révolution, nous le répétons, ne pourrait être fructueuse que dans des conditions exceptionnelles et surtout dans des forêts particulières.

Dans ce cas, toutes les règles de culture et d'exploitation seraient modifiées pour se prêter à ce mode d'aménagement. L'épaisseur du liége récolté en dix années varierait de 0,0185^{mm} à 0,0275^{mm}, ce qui donne une moyenne de 0,023 millimètres seulement.

CHAPITRE III.

Des forêts de l'Algérie.

I. — DES FORÊTS EN GÉNÉRAL.

L'Algérie, comparativement à sa superficie, est peu boisée; mais elle ne mérite pas cependant le reproche qu'on lui a longtemps adressé, de n'avoir pas de forêts ; sous le rapport des bois de chauffage, d'industrie et de service, les ressources qui existent dans ce pays sont, relativement au climat et à la population, très-considérables (1).

Dans la première période de l'occupation, les colonnes de l'armée française n'ayant, pour ainsi dire, qu'effleuré le pays, l'opinion que nous combattons ici s'était rapidement propagée, soutenue qu'elle était par les rapports officiels.

D'où provenait donc cette erreur? De ce que les Arabes, pasteurs ou cultivateurs, habitent de préférence les plaines et les montagnes couvertes de broussailles, et que, les grandes masses de forêts étant généralement inhabitées, les expéditions n'avaient jamais été dirigées sur ces points; voilà pourquoi tous les comptes rendus représentaient l'Al-

---

(1) L'Algérie, sur une étendue de plus de 30,000,000 d'hectares, ne possède que 1,385,870 hectares de bois, tandis que la France, sur une superficie de 52,000,000 d'hectares, en offre 8,680,000 de boisés. Ainsi, en France, les forêts entrent pour 1/6 environ et en Algérie pour 1/21 seulement dans la superficie totale. Dans ce dernier pays elles sont très-irrégulièrement réparties, car elles occupent, dans la province de Constantine, 1/11 du territoire, dans celle d'Alger 1/26 et dans celle d'Oran 1/50.

Mais, si on admet que l'Algérie possède une population totale de trois millions d'habitants, il en résulte que la portion de bois afférente à chaque individu est d'environ 46 ares. Pour la France, dont le climat est plus rigoureux, cette proportion se réduit à 23 ares. D'où on peut conclure que, eu égard aux besoins de la consommation actuelle, l'Algérie est plus boisée que la France.

gérie comme n'ayant pas de forêts, mais seulement des broussailles ou *machi* (1).

En 1847, le service forestier constatait l'existence de 160,000 hectares de forêts environ ; de 1847 à 1857 ce chiffre s'est élevé à 1,385,870 hectares, ce qui ne représente pas encore toute la superficie boisée.

Pendant ces dernières années, l'Algérie est entrée dans la période civilisatrice, et, malgré leur petit nombre, les agents forestiers ayant à peu près pénétré partout, ont pu constater, d'une manière presque certaine, les ressources forestières de cette colonie.

Loin de nous l'idée de tomber dans l'excès contraire à celui qui a signalé les premières années de l'occupation ; nous ne voulons rien exagérer, nous essayons seulement de faire un tableau exact de l'état actuel, soit d'après ce que nous avons vu, soit d'après les renseignements et les documents que nous avons pu recueillir.

L'Algérie, ainsi que nous l'avons dit, possède, comparativement à sa population, de quoi suffire largement à tous ses besoins en bois de chauffage, de service et d'industrie, et, si la métropole fournit encore une grande quantité des bois employés, c'est parce que l'absence de route rendant les frais de transport très-considérables, il y a, dès lors, bénéfice pour le consommateur à s'approvisionner en France. D'autre part, les bois indigènes étant peu connus, faute d'exploitation, on est porté à croire que les Sapins ou les Chênes de France valent mieux que les Cèdres ou les Chênes d'Afrique ; mais le temps fera justice de cette opinion, qui n'est déjà plus générale.

En attendant, le service forestier, dont les ressources budgétaires sont très-bornées, se contente de signaler l'existence des forêts et de conserver les massifs, sur les-

---

(1) Nous désignons sous le nom de *broussailles* les taillis incendiés ou abroutis qui auraient besoin d'être recepés pour donner de bons produits.

quels il peut exercer une action efficace. Ce service, en Algérie, se compose de trois inspections, dont les attributions sont celles des conservations et de vingt-sept cantonnements, avec un personnel de préposés tout à fait insuffisant.

Une ère nouvelle s'ouvre pour cette colonie ; espérons, dans l'intérêt de sa prospérité, que le gouvernement va s'occuper de prendre des mesures efficaces pour protéger et régénérer les forêts existantes. Dans les pays où les bois ont disparu, la mission du service forestier sera d'en créer de nouveaux; dans ceux où il en existe encore, il devra les conserver et les améliorer.

Mais pour arriver à ce résultat il faut trois choses essentielles : 1° un personnel suffisant ; 2° une législation qui permette de réprimer sévèrement tous les abus (1) ; 3° des crédits nécessaires pour créer des débouchés, opérer des exploitations et entreprendre des repeuplements.

Une des causes qui, jusqu'à présent, s'est opposée à l'extension que réclame ce service provient de l'idée généralement admise qu'il n'y avait pas de forêts en Algérie, et cette idée était partout accréditée par l'exportation de bois français.

Cette idée, fausse à tous égards, aurait dû cependant avoir un résultat diamétralement opposé : en effet, s'il n'y a pas de bois, nul mieux que le service forestier ne peut en créer; s'il y en a, raison de plus pour les conserver, et dans les deux cas nécessité d'un personnel suffisant.

En réalité, il y a des bois en Algérie, mais irrégulièrement répartis et depuis longtemps abandonnés à la libre disposition des Arabes. C'est en raison de cette double circonstance qu'il nous paraît urgent, pour le gouvernement, de s'en préoccuper d'une manière spéciale.

---

(1) Le code forestier n'ayant pas été promulgué en Algérie, le service forestier se trouve impuissant pour réprimer les délits commis par les indigènes, les Européens ou les concessionnaires, dont les cahiers des charges restent souvent lettre morte.

Toutes les masses boisées, bien que dévastées, offrent cependant encore des échantillons de productions remarquables; et on peut affirmer sans crainte que, après une révolution d'exploitation régulière, l'Algérie, sur beaucoup de points, n'aura rien à envier aux plus belles forêts de la métropole.

D'après les derniers documents publiés par le ministère de la guerre, la superficie boisée de l'Algérie comprend 1,385,870 hectares répartis par province, savoir :

Province de Constantine		765,973	1,385,870 hectares.
Province d'Alger		411,291	
Province d'Oran		208,606	
Dont environ	en futaie	344,000	1,385,870 hectares.
	en futaie et taillis	250,000	
	en taillis et broussailles	791,870	

Les essences qui forment ces peuplements sont :

1° Pour la futaie, le Cèdre, le Chêne zéen, le Chêne à glands doux, le Chêne-liége, le Châtaignier, l'Orme, le Frêne, le blanc de Hollande et le Pin d'Alep;

2° Pour le taillis, le Chêne vert, l'Olivier, le Lentisque, le Thuya, le Tamarix, le Philaria et le Sumac thézera.

Chaque province a ses essences dominantes : ainsi, dans la province de Constantine, on rencontre le plus communément le Chêne-liége, le Chêne zéen, le Cèdre, le Chêne vert, le Châtaignier, l'Orme, le Frêne et le blanc de Hollande. Les futaies forment la base principale des peuplements.

Dans la province d'Alger, on trouve ordinairement le Chêne à glands doux, le Chêne-liége, le Chêne zéen, le Cèdre, le Pin d'Alep, le Frêne, l'Orme, l'Olivier et le Chêne vert. Les futaies et les taillis y sont en proportions presque égales.

Dans la province d'Oran, les essences dominantes sont le Pin d'Alep, le Chêne zéen, l'Olivier, le Lentisque, le Thuya et le Sumac thézera. Les forêts sont généralement en taillis simple ou en taillis sous futaie.

Les massifs principaux, livrés encore aux dévastations des Arabes, sont peu connus; il y a cependant déjà 67,035 hectares, bien étudiés, arpentés et soumis régulièrement au régime forestier. Cette contenance se répartit par provinces, savoir :

Province de Constantine..........	31,862	67,035 hectares.
Province d'Oran.................	18,039	
Province d'Alger................	17,134	

D'après leurs dimensions, le Cèdre et le Chêne zéen occupent le premier rang parmi les essences de l'Algérie; mais, d'après l'importance des superficies boisées, c'est le Chêne-liége qui est en première ligne. Nous donnons d'ailleurs, ci-dessous, la contenanceapproximative des forêts par essences, en nous hâtant d'ajouter que, à l'exception des bois soumis au régime forestier, toutes les contenances que nous indiquons ici, étant le résultat de reconnaissances et levés à vue, manquent d'exactitude, quoique se rapprochant beaucoup de la réalité.

1° Chêne-liége................	208,050	hectares.
2° Chêne vert..................	133,000	—
3° Chêne zeen..................	115,500	—
4° Pin d'Alep..................	80,700	—
5° Olivier.....................	47,350	—
6° Chêne à glands doux.........	27,500	—
7° Cèdre.......................	23,400	—
8° Thuya.......................	60,000	—
9° Orme et Frêne...............	7,000	—
10° Lentisque et broussailles (1)..	683,361	—
Total.......	1,385,870	hectares.

Ces forêts occupent principalement les pays de montagnes ou de coteaux, et rarement les plaines; à ce point de vue, l'oréographie de l'Algérie offre des caractères tellement par-

(1) Sont compris sous la dénomination de *broussailles* les taillis de peu de valeur formés de toutes les essences si variées des arbustes et morts-bois qui abondent en Algérie.

ticuliers, qu'il nous paraît indispensable de les faire connaître pour compléter ce tableau.

Quoique appartenant toutes à la grande chaîne de l'Atlas, les montagnes de l'Algérie se divisent en trois rameaux bien distincts, ayant tous leur point de départ près de la frontière du Maroc, qui paraît être le noyau de ce soulèvement; elles se dirigent ensuite, presque parallèlement à la mer, sur la régence de Tunis, en suivant la direction sud-ouest-nord-est.

Première chaîne. —Montagnes du littoral, Djebel-Merdjajou (1) (580 mètres), commençant au cap Figalo, et se terminant au Djebel-Khar (611 mètres), près d'Arzew; collines arides et couvertes de broussailles, Lentisques et Chênes verts. Après une dépression d'environ 12 lieues, occupée par le golfe d'Arzew, où viennent se déverser par la Macta et le Chélif les eaux de l'intérieur, ce même système de soulèvement reparaît pour former les montagnes du Dahra (876 mètres), de Tenès (817 mètres) et de Milianah (1,580 mètres). Une branche secondaire, après avoir formé le Sahel (485 mètres), vient se terminer près d'Alger; mais le rameau principal se continue, en formant une courbe qui embrasse la plaine de la Mitidja et constitue ensuite les montagnes de Blidah (de 1,640 mètres) et de Médéah (1062) (petit Atlas), dont les hauteurs du Jurjura (2,317 mètres), dans la grande Kabylie et jusqu'à Bougie, sont le prolongement.

Cette chaîne de montagnes va en s'élevant de l'ouest à l'est, et présente, en suivant cette direction, une succession de vallées qui vont constamment en se développant. Sur les premiers mamelons on trouve le pin d'Alep, mélangé de broussailles; ensuite, dans les ravins, l'Olivier, le Thuya, le Frêne et l'Orme; plus loin, en s'élevant vers Milianah, Blidah et la Kabylie, sur les versants de l'intérieur, on rencontre le Chêne à glands doux, le Chêne zéen et le Chêne-

(1) Les chiffres placés à côté des noms des groupes de montagnes indiquent leur élévation principale au-dessus du niveau de la mer.

liége, mélangés de Thuya, d'Olivier et de Lentisque; dans les vallées arrosées on trouve également l'Orme et le Frêne. Les caractères généraux des peuplements sont : dans la province d'Oran, le taillis; et, dans celle d'Alger, le taillis sous futaie, ou pour mieux dire, les futaies jardinées et dévastées.

Cette chaîne de montagnes ne donne naissance, du côté de la mer, qu'à de faibles cours d'eau dont les plus importants sont l'Oued-Sebaou, alimenté par les hautes montagnes de la Kabylie, et le Mazafran, qui arrose la plaine de la Mitidja.

La *deuxième chaîne* de montagnes suit une direction parallèle à la première, dont elle est séparée par une vallée de 6 à 8 lieues environ, qui forme le pays le plus riche de l'Algérie. Elle commence entre Tlemcen (1,209 mètres) et Nemours (864 mètres), forme les crêtes du Tessala (1,059 mètres) et de Tafaraoui (726 mètres), les massifs des Beni-Chougran (760 mètres), de l'Ourensenis (1,245 mètres), de Teniet-el-Haad (1,782 mètres), les montagnes entre Aumale et Sétif (1,354 mètres et 1,722 mètres), celles de Constantine (1,322 mètres) et de la petite Kabylie (1,480 mètres), et aboutit enfin à la mer près de Philippeville. Cette chaîne, par un embranchement secondaire, forme encore les montagnes de l'Edough (1,004 mètres), des Beni-Salah (1,405 mètres) et de la Calle (320 mètres et 648 mètres). Les vallées comprises entre ces deux branches de montagnes se divisent en deux versants bien distincts, dont le Djebel-Hacen-ben-Ali (1,244 mètres), près de Médéah, forme la ligne de faîte et en même temps le trait d'union. De ce point, les cours d'eau, sur la direction de l'ouest, sont le Chélif, qui comprend le plus grand bassin de l'Algérie, formé d'une partie des provinces d'Alger et d'Oran; la Macta, formée de la réunion du Sig et de l'Habra, et le Rio-Salado. Dans la direction de l'est, les rivières principales sont l'Oued-Isser, l'Oued-Sahel (Oued-el-Kébir ou Summan), la Sasfaf, la Seybouse et la Mafrag.

C'est sur cette chaîne de montagnes que se trouvent les

plus grandes et les plus importantes masses de forêts. Dans la province d'Oran, l'Olivier prend de plus fortes dimensions et se montre presque partout; dans les vallées on trouve communément le Frêne et l'Orme; les plateaux et les versants sont en grande partie boisés en Pins d'Alep, en Chênes zéens ou Chênes-liége soit en futaie soit en taillis, mélangés de Lentisques et de Chênes verts. Près de Mascara et chez les Béni-Chougran, les Pins d'Alep offrent des massifs de futaie entrecoupés de grands espaces peuplés de Chênes verts en taillis ; à Teniet-el-Haad, on trouve des forêts de Cèdres en bel état de végétation et formant des massifs complets de futaies. Entre Aumale et Sétif commencent les grandes forêts de Chênes-liége, en futaies jardinées dans la petite Kabylie et près de Philippeville, ainsi que le Chêne zéen. Plus loin encore, à l'Edough, chez les Beni Salah, et à la Calle, les forêts de Chênes-liége, de Chênes zéens, de Frênes et d'Ormes sont à l'état de futaie pleine.

La *troisième chaine*, qu'on désigne, en général, sous le nom de *hauts plateaux*, n'offre que très-peu d'intérêt au point de vue forestier, dans les provinces d'Oran et d'Alger; ces montagnes y sont en partie incultes ou couvertes de broussailles, présentant les caractères de la végétation du désert. Dans la province de Constantine, au contraire, elles forment les massifs des Aures (2,312 mètres), renfermant les belles forêts de Cèdres de Batna, ainsi que des forêts de Chênes verts et Chênes zéens d'une grande importance. Ces masses boisées se prolongent avec de grandes interruptions et des irrégularités de peuplement jusqu'à la frontière de Tunis, où se trouvent également de belles futaies de Chênes zéens.

Ce dernier groupe de montagnes, d'une grande fertilité, donne naissance à quelques affluents de la Seybouse et de la Mafrag; mais, en général, les eaux qui en proviennent vont se perdre dans les lacs salés (chotts) qui n'ont pas d'écoulement apparent.

Les forêts se trouvent en quelque sorte en harmonie avec les montagnes qu'elles couvrent : les peuplements se présentent plus complets et plus serrés; les essences importantes, en plus bel état de croissance, dominent de plus en plus dans les massifs boisés, en suivant la gradation marquée, de l'ouest à l'est, par l'élévation successive des montagnes. C'est ainsi que les forêts en taillis simples, dans la province d'Oran, se trouvent en futaie pleine dans la province de Constantine, après avoir occupé l'état intermédiaire dans celle d'Alger.

Les Cèdres, Chênes zéens, Chênes à glands doux et Pins d'Alep fournissent de bons bois de construction; les Ormes, Frênes, Chênes verts donnent du bois d'industrie très estimé; le Chêne-liége produit son écorce et un bon bois de chauffage; l'Olivier donne son fruit et du bois d'ébénisterie ainsi que le Thuya; le Sumac et le Chêne vert fournissent du tan de très-bonne qualité; les autres essences ne sont propres qu'au chauffage ou à la fabrication du charbon.

Les forêts de l'Algérie ont été toutes plus ou moins dévastées, soit par les incendies, qui, sur les points occupés par les Européens, ne sont plus aussi fréquents; soit par les pâturages, les cultures et les exploitations indigènes, dont il ne sera peut-être pas indifférent de donner une idée.

Depuis quelques années, un assez grand nombre de Marocains et de Tunisiens, chassés de leur pays, s'est répandu dans les forêts et s'y livre à la fabrication du charbon, quoiqu'on ait déjà cherché à réprimer ou à réglementer ce genre d'abus. Ces charbonniers s'installent, en général, à leur choix, dans des cantons peuplés en jeunes perchis et coupent, sans distinction, à $0^{m},40$ et à $0^{m},50$ du sol, les brins et les arbres qui leur conviennent, en laissant à la nature le soin de réparer leurs dégâts.

Dès qu'un canton est épuisé, le chef de la tribu ou fraction de tribu ordonne de plier les tentes, et la petite caravane va chercher plus loin un canton de bois où elle recommence le même genre d'exploitation, et ainsi de suite.

Dans d'autres localités, et quelquefois dans le même massif de forêt, les indigènes se livrent à la fabrication des plats en bois ; ces ustensiles, qui ont jusqu'à 0m,60 et 0m,80 de diamètre, sont creusés dans la partie inférieure du tronc des plus gros arbres, et la portion supérieure reste souvent sur le sol sans emploi. Les Ormes et les Frênes sont les essences les plus recherchées pour cette industrie. Les forêts sont rapidement dévastées par suite de cette exploitation ; et, pour ne citer qu'un exemple, nous avons vu, coupé et gisant à terre, un Orme de 2 mètres de tour et 10 mètres d'élévation, sur lequel on avait enlevé une bille de 1m,80 de hauteur pour faire deux plats en bois d'une valeur de 10 ou 15 francs.

Ailleurs, les tribus campées au milieu des bois en cultivent les vides et les clairières, pendant que leurs troupeaux pâturent dans les parties les plus boisées : de telle sorte que les vides augmentent sans cesse et que les repeuplements ne s'effectuent jamais ou que très-difficilement.

Les bergers, lorsque les bois ont encore de jeunes pousses, coupent quelquefois, à 1 mètre du sol, des brins de 0m,40 à 0m,60 de tour, dont ils font manger les feuilles à leurs bestiaux.

Dans les pays froids, aux approches de l'hiver, les femmes vont dans les jeunes perchis couper les branches et les cimeaux, pour entourer et couvrir leurs tentes et se garantir ainsi du froid.

En général, les Arabes abattent les arbres avec de petites haches peu tranchantes, de sorte que les troncs ou les souches, presque toujours fendus ou brisés, périssent ou ne donnent que de mauvais rejets ; en outre, *pour ne pas avoir la peine de se baisser* (1), ils coupent les arbres à 1 mètre du sol s'ils se tiennent debout, et à 0m,30 s'ils s'assoient au pied du tronc.

Les résultats de ces exploitations sont faciles à saisir : les

---

(1) Cette réponse textuelle nous a été faite dans beaucoup de localités, lorsque nous demandions pourquoi les arbres étaient coupés à 1 mètre ou à 0m,30 du sol.

uns enlèvent les gros arbres et les jeunes brins pour l'industrie ou le charbon; les autres, pour leurs troupeaux ou d'autres besoins, coupent les sujets de dimension moyenne; les bestiaux abroutissent les jeunes recrus, et quelquefois l'incendie vient compléter cette œuvre de destruction. Qu'importe à l'Arabe! ses troupeaux s'engraissent, et, si le pays devient stérile, il va chercher d'autres contrées où l'eau et les pâturages abondent. Il y a toujours assez de bois pour lui.

Ce tableau exact de l'état de quelques forêts de l'Algérie prouve qu'elles sont à régénérer en grande partie; pour arriver à ce résultat, il faudrait, tout d'abord, ainsi qu'on l'a fait dans certaines localités, cantonner les Arabes, délimiter les terrains soumis au régime forestier et y asseoir des coupes que l'on ferait exploiter, soit par économie, soit par entreprise, soit enfin par les bûcherons militaires. Malheureusement, les crédits manquent, et, quoique le bois se paye assez cher, les défrichements des colons ou les exploitations indigènes font une telle concurrence, que l'on ne trouve que rarement des adjudicataires de coupes et à vil prix.

Il serait temps, cependant, de mettre fin à cet état de choses et d'exploiter régulièrement ces belles forêts de Chênes et de Cèdres qui peuvent fournir des produits très-importants sous tous les rapports.

Peut-être, d'après ce qui précède, quelques esprits exagérés vont demander : Mais quelles forêts reste-t-il donc en Algérie? Que veut-on régénérer? A cela nous répondrons : 1° qu'il existe de magnifiques forêts presque intactes, soit à cause de leur éloignement des tribus, ou des difficultés du terrain, soit enfin que, servant de repaires aux bêtes féroces, les Arabes n'aient pas osé pénétrer dans l'intérieur des massifs (1);

(1) Il est important d'ajouter ici que les forêts en Algérie ne sont pas nettement délimitées et que les peuplements passent par des transitions insensibles de l'état de taillis à celui de futaie pleine. Pour arriver dans les massifs réels de forêts, il faut presque toujours traverser une

2° Que les dévastations dont nous avons tracé le tableau n'étaient pas générales, mais circonscrites dans certains cantons des masses boisées ;

3° Enfin que, dans les forêts les plus ruinées, il reste encore un matériel suffisant pour fournir des semences ou des rejets.

Que l'on essaye, et si l'on considère combien les bois où des exploitations régulières ont été pratiquées par les soins du service forestier se sont rapidement améliorés, on sera convaincu, comme nous, de la possibilité de ramener, dans un court délai, à un état prospère, toutes les forêts de l'Algérie.

On aurait tort de comparer une forêt d'Afrique ruinée à une forêt de France dans le même état ; pour ces dernières il faut que le forestier intelligent remplace la nature, la seconde et élève, en quelque sorte, des arbres un à un. Dans les premières, partout où le sol renferme un peu de terre et de fraicheur, la végétation y est tellement active et rapide, les années de semences y sont si fréquentes et la nature sait

---

zone plus ou moins large de broussailles, qui ne laissent que difficilement passer un cavalier. Peu à peu ces broussailles se serrent et s'élèvent, et on est tout surpris de se trouver dans un taillis élancé ou dans une jeune futaie qui, de loin, semblait être la continuation des broussailles que l'on traversait.

C'est ainsi que s'applique le mot de découverte de forêts, car, dans un pays peu accidenté, les parties peuplées d'arbres élevés ressemblent, de loin, à des ondulations de terrain couvertes de broussailles ; et, si on n'a pas la mission d'explorer à fond le pays, on peut passer outre, sans se douter que l'on dédaigne des cantons de forêts importants.

Il nous est arrivé quelquefois, dans nos excursions, de nous trouver subitement dans des ravins très-boisés, alors que les Arabes qui nous servaient de guide ignoraient quelquefois eux-mêmes la hauteur des arbres dont on apercevait les cimes.

D'après les difficultés qu'il faut franchir pour arriver aux forêts proprement dites, on ne doit plus être surpris du laps de temps qu'il a fallu pour connaître les richesses forestières de l'Algérie, et si, dans beaucoup de localités, les dévastations commises par les Arabes se sont arrêtées à la lisière des bois. Ce n'est que dans les massifs d'un accès facile que les dégâts sont devenus plus importants et plus nombreux.

si bien réparer elle-même toutes les fautes des hommes, qu'elle ne demande pas qu'on l'aide; elle demande seulement qu'on ne la contrarie pas trop.

II. — DES FORÊTS DE CHÊNES-LIÉGE.

Les forêts de Chênes-liége présentent la plus grande contenance et offrent en même temps les plus riches produits ; elles ont surtout l'avantage de pouvoir, sur beaucoup de points, être exploitées immédiatement.

Nous extrayons du tableau des établissements français en Algérie, publié par le ministère de la guerre, l'état des forêts de Chênes-liége et leur situation par province, inspection et cantonnement.

NOMS DES FORÊTS.	SITUATIONS.	CONTENANCE.	ESSENCES.	OBSERVATIONS.
PROVINCE ET INSPECTION DE CONSTANTINE (contenance, 765,973 hectares).				
CANTONNEMENT DE CONSTANTINE (contenance, 121,010 hectares).				
Djebel-Guerrioum....	40 kilom. de Constantine chez les Seguia.	»	Chênes verts, Chênes-liége et Chênes zéens.	Futaie très-claire.
Beni Medjelled.......	Beni-Medjelled, à 36 kilom. de Constantine.	»	Chênes-liége et Chênes zéens.	Futaie.
Beniket et Quettet....	Beni-Slim et Ouled-Amet, à 62 kilom. de Constantine.	»	Chênes-liége et Chênes-zéens.	Futaie.
Oued-Ibard et Atia....	Ouled-Ibard, à 45 kilom. de Constantine.	»	*Id.* *Id.*	Futaie.
CANTONNEMENT DE BATNA (contenance, 67,273 hectares).				
»	»	»	»	»
CANTONNEMENT DE SÉTIF (contenance, 69,800 hectares).				
»	»	»	»	»
CANTONNEMENT DE PHILIPPEVILLE (contenance, 34,938 hectares).				
Djebel-Halia.........	Commune de Vallée, à 8 kilom. de Philippeville.	3,751	Chênes-liége, Chênes-zéens et Ormes.	Futaie (forêt concédée).
Forêt communale de Philippeville.......	6 kilom. de Philippeville.	»	Liéges et broussailles.	Taillis sous futaie.
Djebel-Halia..........	Djebel-Halia, à 8 kilom. de Philippeville.	2,249	Liéges, Zeens et broussailles	Futaie.
Filfila..................	Filfila, à 10 kilom. de Philippeville.	2,000	Liéges 6/10, divers 4/10.	Futaie.
Zeramna...............	5 kilom. S. O. de Philippeville.	3,000	Chênes-liége.	Futaie (forêt conc.).
Stora..................	Bekehi, à 4 kilom. de Philippeville.	460	Chênes-liége et Oliviers.	Futaie.
Eghmen...............	Eghmen, à 10 kilom. de Philippeville.	200	Chênes-liége et Oliviers.	Futaie.
Oued-Gueble........	12 kilom. O. de Philippeville.	»	Chênes-liége et Oliviers.	Futaie.
Oued-Bibi et Oued-Zouer............	10 et 11 kilom. S. O. de Philippeville.	»	Chênes-liége et Ormes.	Futaie.
Oued-Djebarra.......	Djebarra, à 4 kilom. S. E. de Philippeville.	4,800	Liéges, Zéens et Frênes.	Futaie.
Collo..................	Ben-Merlem, à 10 kilom. E. de Collo.	2,000	Liéges et Oliviers.	Futaie (peu connue).
Sidi-Nassar..........	34 kilom. S. E. de Philippeville.	2,000	Chênes-liége.	Futaie.
	TOTAL...	20,460		

CANTONNEMENT DE JEMMAPES (contenance, 60,278 hectares).				
Fendecs............	Fendeck, à 3 kilom. de Jemmapes.	10,000	Liéges, Zéens, Ormes et Frênes.	Futaie (forêt concédée).
Guerbes............	Guerbes, à 15 kilom. de Jemmapes.	1,400	Chênes-liége.	Futaie.
Sonendja............	12 kilom. de Jemmapes.	2,500	Liéges 9/10, Zéens 1/10.	Futaie (forêt concédée).
Safia et Radjeta......	8 kilom. de Jemmapes.	5,000	Chênes-liége.	Futaie (1,940 hect. sont concédés).
Bouck-Saiba.........	12 kilom. de Jemmapes.	6,000	Liéges, Zéens, Chênes verts, Ormes et Frênes.	Futaie.
Zerdeza et Taya......	15 kilom. de Jemmapes.	15,000	Liéges, Zéens, Chênes verts, Ormes et Frênes.	Futaie (peu connue).
	Total...	39,900		
CANTONNEMENT DE BOUGIE (contenance, 98,452 hectares).				
Beni-Seguial.........	Beni-Seguial, à 45 kilom. de Bougie.	»	Chênes-liége.	Futaie (peu connue).
Aquefecon...........	Kabylie, à 16 kilom. de Bougie.	»	Liéges, Zéens, Ormes et Frênes.	Futaie évaluée à 90,000 hect.
El-Heit..............	El-Heit, à 20 kilom. de Bougie.	1,200	Liéges 8/10, Zéens 2/10.	Futaie et taillis.
	Total...	1,200		
CANTONNEMENT DE DJIDJELLI (contenance, 135,000 hectares).				
Beni-Foural..........	8 kilom. de Djidjelli.	»	Liéges, Zéens, Ormes et Frênes.	Futaie.
CANTONNEMENT DE L'EDOUGH (contenance, 33,242 hectares).				
Edough et Bouzizi....	10 kilom. de Bone.	8,371	Liéges 7/10, Zéens 2/10, Frênes 1/10.	Futaie (forêt concédée).
Cap de Fer..........	30 kilom. de Bone.	21,029	Liéges 7/10, Zéens 2/10, Frênes 1/10.	Futaie (forêt concédée).
Oued-Aneb et Maka...	18 kilom. de Bone.	1,871	Liéges 9/10, Zéens 1/10.	Futaie.
	Total...	31,271		

NOMS DES FORÊTS.	SITUATIONS.	CONTENANCE.	ESSENCES.	OBSERVATIONS.
	CANTONNEMENT DE BARRAL (contenance, 20,200 hectares).			
Beni-Salah..........	16 kilom. de Barral.	12,500	Liéges, Zéens et Frênes.	Futaie (concédée pour l'affouage des fourneaux de l'Alelik près de Bone).
	CANTONNEMENT DE GUELMA (contenance, 98,400 hectares).			
Ouled-Beschia........	20 kilom. de Guelma.	2,500	Liéges, Zéens et Chênes verts.	Taillis sous futaie.
Haurucha............	80 kilom. de Guelma.	40,000	Liéges, Zéens et Frênes.	Futaie.
Djebel-Bathou.......	10 kilom. de Guelma.	1,000	Chênes-liége.	Futaie (forêt difficile).
Aïn-Tefla et Marmora..	40 kilom. de Guelma.	8,000	Liéges, Zéens et Frênes.	Futaie.
Ouled-d'Hann........	18 kilom. de Guelma.	6,000	Liéges, Zéens et Chênes verts.	Futaie.
Mahouna............	10 kilom. de Guelma.	4,500	Liéges, Zéens et Chênes verts.	Futaie.
Aouarat.............	Bou-el-Hachen, à 16 kilom. de Guelma.	4,000	Liéges et Azeroliers.	Futaie.
Djebel-Gourin et Nadar.	Djebel-Gourin et Nadar.	800	Liéges et Azeroliers.	Futaie.
Ararat..............	50 kilom. de Guelma.	600	Chênes-liége.	Futaie.
	Total...	67,400		
	CANTONNEMENT DE LA CALLE (contenance, 27,335 hectares).			
Tonga, Oubeira et Melah...............	8 kilom. de la Calle.	6,000	Chênes-liége.	Futaie (forêt concédée).
Guergour............	Beni-Amar, à 20 kilom. de la Calle.	2,400	Chênes-liége.	Futaie.
Kanguet-Aoum....... Amar-ben-Ali........	Ouled-Amar-ben-Ali, à 12 kilom. de la Calle.	1,200	Chênes-liége.	Futaie.
	A reporter...	9,600		

	Report ..	9,600		
Shetza..................	Shetza, à 12 kilom. de la Calle.	600	Chênes-liége.	Futaie.
Souarack.............	Souarach, à 15 kilom. de la Calle.	1,200	Chênes-liége.	Futaie.
Bou-Hacra............	17 kilom. de la Calle.	1,300	Chênes-liége.	Futaie.
Zitoun................	Zitoun.	2,000	Chênes-liége.	Futaie.
Chiebna..............	Chiebna.	1,000	Chênes-liége.	Futaie.
Ouled-Ali.............	Ouled-Ali.	2,600	Chênes-liége.	Futaie.
	Total ..	17,300		
	Total de la province de Constantine.	190,131 hectares.		

PROVINCE ET INSPECTION D'ALGER (contenance, 208,606 hectares).

CANTONNEMENT D'ALGER (contenance, 4,422 hectares).

Saint-Ferdinand et Tefeschoun...........	Cercle de Douera.	»	Liéges et Lentisques.	Taillis.
Boudouaou...........	24 kilom. E. d'Alger.	200	Liéges et Oliviers.	Futaie irrégulière et broussailles.
Bou-Merdes..........	Beni-Kalifa, à 48 kilom. E. d'Alger.	440	Chênes-liége.	Futaie de 500 à 1,000 arbres par hectare.
	Total...	640		

CANTONNEMENT D'AUMALE (contenance 23,000 hectares).

Bou-Many............	Dra-el-Mizan.	»	Liéges.	Futaie et taillis.
Dra-Techta..........	Dra-el-Mizan.	»	Liéges.	Taillis sous futaie.
Merkalla	Bordj-Boira.	»	Liéges.	Taillis sous futaie.
Ouled-el-Azis........	Bordj-Boira.	»	Liéges et broussailles.	Taillis.

CANTONNEMENT DE BLIDAH (contenance, 23,200 hectares).

Aïn-Telasit (canton du marabout de Sidi-Fodel)............	5 kilom. O. de Blidah.	300	Chênes-liége.	Futaie irrégulière, 300 arbres par hectare.

NOMS DES FORÊTS.	SITUATIONS.	CONTENANCE.	ESSENCES.	OBSERVATIONS.
CANTONNEMENT DE COLEAH (contenance, 8,480 hectares).				
Chaïba - Fokani et Chaïba - Titani.....	Coleah.	200	Chênes-liége.	Taillis sous futaie.
CANTONNEMENT DE BOGHAR (contenance, 20,520 hectares).				
»	»	»	»	»
CANTONNEMENT DE CHERCHEL (contenance, 19,894 hectares).				
Djebel-Nador.........	Tipaza.	»	Chênes-liége.	Broussailles.
Bouronis............	Beni-Menad à 24 kilom. S. E. de Cherchel.	1,000	Liéges et Pins d'Alep.	Taillis sous futaie.
Beni-Menacer........	Beni-Menacer à 30 kilom. S. de Cherchel.	3,000	Liéges et divers.	Taillis et broussailles.
	Total...	4,000		
CANTONNEMENT DE DELLYS (contenance, 9,565 hectares).				
Boberac.............	10 kilom. O. de Dellys.	260	Chênes-liége.	Futaie et taillis, 200 arbres par hectare.
Tinigarit...........	20 kilom. S. de Bordj-Manoël.	3,200	Chênes-liége.	Futaie irrégulière, 400 à 600 arbres par hectare, pays difficile.
Djebel-Tigremont....	30 kilom. S. de Souck-el-Had.	4,000	Chênes-liége.	Futaie régulière, 600 à 900 arbres par hectare, pays difficile.
	Total...	7,460		

CANTONNEMENT DE MEDEAH (contenance, 34,190 hectares).				
Mouzaïa............	9 kilom. O. de Blidah.	300	Liéges.	Taillis et futaie mélanges de broussailles.
Fernem-Berouguia...	24 kilom. S. E. de Medeah.	200	Liéges.	Vieille futaie, 120 arbres par hectare.
Aïn-el-Sour et Rigas..	8 kilom. N. E. de Milianah.	200	Liéges.	Futaie et taillis mélangés de broussailles.
	TOTAL...	700		
CANTONNEMENT DE MILIANAH (contenance, 24,008 hectares).				
Teniet-el-Haad.......	30 kilom. de Teniet-el-Haad.	500	Chênes-liége.	Taillis sous futaie, 180 à 200 arbres par hectare.
CANTONNEMENT D'ORLÉANSVILLE (contenance, 37,612 hectares).				
»	»	»	»	»
CANTONNEMENT DE TENÈS (contenance, 3,715 hectares).				
»	»	»	»	»
Total de la province d'Alger. 13,800 hectares.				
PROVINCE ET INSPECTION D'ORAN (contenance totale, 411,291 hectares).				
CANTONNEMENT D'ORAN.				
M'silah..............	20 kilom. O. d'Oran.	2,128	Liéges, Pins et Lentisques.	Arbres épars et broussailles.

NOMS DES FORÊTS.	SITUATIONS.	CONTENANCE.	ESSENCES.	OBSERVATIONS.
CANTONNEMENT DE MOSTAGANEM.				
»	»	»	»	»
CANTONNEMENT DE MASCARA.				
Gamaoüt............	4 kilom. O. de Tiaret.	»	Chênes-liége.	Taillis composé.
Kalaa...............	30 kilom. N. E. de Mascara.	»	Liéges, Chênes verts, Lentisques et Oliviers.	Arbres épars.
CANTONNEMENT DE SIDI-BEL-ABBÈS.				
»	»	»	»	»
CANTONNEMENT DE TLEMCEN.				
Aïn-Afir............	25 kilom. S. O. de Tlemcen.	2,000	Liéges, Zéens et Chênes verts.	Futaie et taillis mélangés de broussailles.
Filhaoussem.........	4 kilom. S. N. de Nedroma.	»	Liéges et Pins d'Alep.	Arbres épars.
	TOTAL...	2,000		

Total de la province d'Oran. 4,128 hectares.

Il existe donc 208,059 hectares en forêts de Chênes-liége répartis ainsi, savoir :

Province de Constantine........	190,131 hectares.
Province d'Alger..............	13,800 —
Province d'Oran...............	4,128 —
Total.......	208,059 hectares.

Dans ce relevé ne sont pas comprises les forêts dont on a seulement constaté l'existence dans les cantonnements de Constantine, Philippeville, Bougie, Aumale et Mascara.

Il a été fait neuf concessions de Chênes-liége d'une contenance de 56,591 hectares qui sont en voie d'exploitation, et le service forestier s'occupe de plusieurs demandes de concessions, comprenant 30,000 hectares environ ; il reste donc encore 121,468 hectares reconnus, dont le gouvernement a la libre disposition.

En appliquant à ces différents chiffres les résultats de l'exemple d'après lequel nous avons établi les frais d'aménagement et d'exploitation, on trouve que le revenu net des forêts déjà concédées doit être environ de 3,961,370 fr., dont 396,137 fr. pour l'Etat (à raison de 10 pour 100 pour la première révolution), et 3,565,233 fr. pour les concessionnaires ;

Que, pour celles dont la concession est demandée, les frais d'aménagement s'élèveront environ à 3,990,000 fr., et leur revenu net à 2,100,000 fr. ;

Et enfin que, pour les 121,468 hectares restants, si l'Etat voulait les mettre en valeur, il faudrait une dépense de 16,153,244 f., et que leur revenu net serait de 8,502,760 f., soit 50 pour 100.

Par la comparaison de ces contenances et du chiffre des produits avec la superficie et le revenu des forêts de France, on peut se convaincre qu'au point de vue d'une spéculation commerciale l'exploitation du Chêne-liége est une opération très-lucrative, mais qu'en même temps il devient très-urgent, pour le gouvernement, de s'occuper des richesses forestières de l'Algérie, soit pour les accroître, soit pour les garantir contre toute tentative de mauvaise exploitation ou de dévastation locale, dont les résultats sont une perte pour le trésor et une atteinte à la prospérité de cette colonie.

APPENDICE.

La *Flore forestière*, publiée par M. A. Mathieu, professeur d'histoire naturelle à l'école forestière, rend à peu près superflu tout nouveau travail de ce genre sur les essences qui peuplent les forêts de l'Algérie ; nous pensons, néanmoins, qu'il ne sera pas inutile de faire connaître ici, avec leurs noms arabes (1), les arbres et les arbustes que l'on rencontre le plus communément dans les forêts de ce pays.

Catalogue des arbres et des arbustes que l'on rencontre le plus communément dans les forêts de l'Algérie.

PREMIÈRE DIVISION. — BOIS FEUILLUS.

1re SECTION. — Arbres de futaie.

1° BOIS DURS. — A. ARBRES A FEUILLES CADUQUES.

Chêne-zéen (2) (*Quercus Mirbeckii*). Arabe, Kerouge zeen.
** Châtaignier (*Castanea vulgaris*). Ar., Cestal ou Questal.
** Orme (*Ulmus campestris* et variétés). Ar., Neheum.

---

(1) Cette nomenclature ne donne pas tous les noms arabes de chaque essence, parce qu'ils ne sont pas uniformes pour toute l'Algérie ; on ne devra donc pas s'étonner si, dans quelques localités, on trouve des noms différents de ceux que nous indiquons ici.

(2) Le Chêne-zéen, qui, en Algérie, est ordinairement désigné sous le nom de *Quercus Mirbeckii*, a beaucoup d'analogie avec le Chêne pédonculé. Cet arbre, de très-grande taille, forme, à lui seul, des massifs de forêts importants. Il n'a pas encore été bien étudié au point de vue botanique ; comme arbre forestier, son traitement doit être le même que pour ses congénères d'Europe.

** Frêne (*Fraxinus excelsior*) et variétés. Ar., Derder.
** Micocoulier (*Celtis australis*). Ar., Touzerce.
Érable à feuilles de frêne (*Acer negundo*). Ar., Steka.

B. Arbres a feuilles persistantes.

** Chêne-yeuse (*Quercus ilex*). Arabe, Kerouge bellountha harami.
* Chêne-ballote (à gland doux) (*Quercus ballota*). Ar., Kerouge belloutha.
** Chêne-liége (*Quercus suber*). Ar., Kerouge fernem.
* Caroubier (*Ceratonia siliqua*). Ar., Karouba.

2° bois tendres. — A. Arbres a feuilles caduques.

** Peuplier blanc de Hollande et variétés (*Populus alba*). Arabe, Safsaf.

2ᵉ section. — Arbres de taillis.

1° bois durs. — A. Arbres a feuilles caduques.

* Mûrier blanc (*Morus alba*). Arabe, Touts.
** Cerisier-merisier (*Cerasus avium*). Ar., Hab-el-Melouk.
** Sorbier-cormier (*Sorbus domestica*). Ar., Zaroure.
* Cornouiller mâle (*Cornus mas*). Ar., Choume.
* Azerolier (*Cratægus azarolus*). Ar., Zaror.
** Aubépine (*Cratægus monogyna*). Ar., Demamaye.
* Prunellier sauvage (*Prunus spinosa*). Ar., Berquougah.
* Jujubier commun (*Zizyphus vulgaris*). Ar., Annabach-el-Guenudou.
Jujubier des lotophages (*Zizyphus lotos*). Ar., Sidra.
* Pistachier-térébinthe (*Pistacia terebinthus*). Ar., Betaun-el-plom.
Sumac Thézéra (*Rhus pentaphyllum*). Ar., El-Deback.

B. Arbres a feuilles persistantes.

*Olivier sauvage (*Olea europæa*). Arabe, Zitoun-Zenboudje.

* Cytise faux ébénier (*Cytisus laburnum*). Ar., Karoub-el-Meiss.

* Phillyréa (*Phillyrea stricta* et variétés). Ar., Ktem.

* Lentisque (*Pistacia lentiscus*). Ar., Derau-Zaror.

* Tamarix (*Tamarinus gallica* et variétés). Ar., Tarfa.

* Chêne kermès (*Quercus coccifera*). Ar., Kerouge-el-Serhir.

* Houx (*Ilex aquifolium*). Ar., Deguercel.

* Nerprun alaterne (*Rhamnus alaternus*). Ar., Mléless.

* Myrte (*Myrtus communis*). Ar., Rihham.

* Arbousier (*Arbustus unedo*). Ar., el-Leundje *ou* el-Sasnou.

* Laurier-sauce (*Laurus nobilis*). Ar., Rend.

* Bruyère arborescente (*Erica arborea*). Ar., Bouhadab.

Citronnier (*Citrus communis*). Ar., Lince *ou* Quaress.

Oranger (*Citrus aurantium*). Ar., Beurde Gann.

2° BOIS TENDRES. — A. ARBRES A FEUILLES CADUQUES.

** Aune (*Alnus glutinosa* et variétés). Ar., Aude Lahemard.

** Saule blanc (*Salix alba*). Ar., Roude-el-ma.

** Saule Marceau (*Salix caprea*). Ar., Roude-el-ma-Kebir.

* Saule fragile (*Salix fragilis*). Ar., Roude-el-ma-Serhir.

* Figuier sauvage (*Figus carica*). Ar., Kermousse hacami *ou* Chedjerat-el-tine.

B. — ARBRES A FEUILLES PERSISTANTES.

* Sumac des corroyeurs (*Rhus coriaria*). Arabe, Shahe.

Laurier-rose (*Nerium oleander*). Ar., Defla.

DEUXIÈME DIVISION. — BOIS RÉSINEUX.

1° BOIS DURS.

** Genévrier commun (à feuilles de cèdre) (*Juniperus oxycedrus*). Arabe, Tagah.

* Genévrier phénicien (*Juniperus phœnicea*). Ar., Ardedji.

2° BOIS TENDRES.

** Cèdre du Liban ou argenté (*Cedrus Libani*). Arabe, Nedede *ou* Arz *ou* Hezze.

** Pin-pinier (*Pinus pinea*). Ar., Ssnouber fordorrk.

** Pin d'Alep (*Pinus halepensis*). Ar., Ssnouber Sgago.

** Pin maritime (*Pinus pinaster* ou *maritima*). Ar., Ssnouber-el-Catroun.

* Cyprès pyramidal ou d'Italie (*Cupressus fastigiata*). Ar., Seroul.

Thuya articulé (*Thuya articulata*). Ar., Harare.

NOTA. Les essences précédées d'un * sont décrites dans la *Flore forestière* de M. A. Mathieu ; celles qui ont deux ** sont, en outre, relatées dans la *Description des bois des essences forestières les plus importantes*, par le même auteur.

Consulter, pour les monographies de presque toutes ces essences, Duhamel du Monceau, *Traité des arbres et des arbustes* ; Jaume Saint-Hilaire, *Traité des arbres forestiers* ; M. le marquis de Chambray, *Traité pratique des arbres résineux conifères à grandes dimensions* (Cèdre) ; M. Parade, *Cours élémentaire de culture des bois* ; et le recueil des *Annales forestières*.

ERRATA.

Page 20, ligne 3, *au lieu de* page 13, *lisez* page 15.
Page 43, ligne 14, *au lieu de* 536, *lisez* 556.
Page 45, ligne 10, *au lieu de* lever, *lisez* levé.
Page 52, ligne 6, *au lieu de* IV, *lisez* V.
Page 58, ligne 11, *au lieu de* province d'Alger, *lisez* province d'Oran 411,291.
Page 58, ligne 12, *au lieu de* province d'Oran, *lisez* province d'Alger 208,606.

Paris. — Imp. de Mme Ve BOUCHARD-HUZARD, rue de l'Éperon, 5. — 1859.

www.ingramcontent.com/pod-product-compliance
Ingram Content Group UK Ltd.
Pitfield, Milton Keynes, MK11 3LW, UK
UKHW020342180726
13839UKWH00002B/871

9 782329 215297